0~7세 우리 아이 평생 언어력을 키워줄 결정적 시기

아이의 언어능력

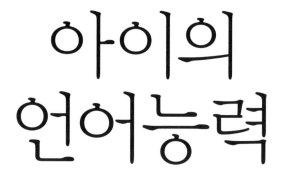

0~7세 우리 아이 평생 언어력을 키워줄 결정적 시기

아이의
언어능력

언어치료사 **장재진** 지음

카시오페아
Cassiopeia

추천하는 글

　누구나 알고 있지만 누구도 간단히 설명할 수 없는 것 중의 하나가 언어능력이라는 생각이 듭니다. 부모가 된 우리는 스스로 기억하는 한, 늘 말을 하고 있었기 때문에 어떻게 말을 배웠는지 기억하지 못합니다. 우리는 이 세상에서 살아가기 위해 수많은 능력을 신경 써서 갈고 닦지만, 내 아이가 문제를 보이기 전까지는 너무나 당연하게 받아들이는 것 중의 하나가 언어능력입니다.

　대학에서 학생들을 가르칠 때 겪었던 잊지 못할 기억이 떠오릅니다. 결혼하고 아이를 낳느라 학교를 떠나 있다가 언어치료학과 3학년으로 복학한 학생이 있었습니다. 그런데 하루는 그 학생이 듣기와 말하기 능력의 발달과 중재에 대한 수업시간에 망연자실한 얼굴을 하고 있었습니다. 이유를 묻자 아기는 말을 못하니 말을 할 줄 알게 되면 그때부터 잘 가르치려 했었는데 언어가 이렇게 일찍부터 복잡하고 섬세하게 발달하는지 몰랐다고, 그동안 너무 무심했다며 사색이 된 얼굴로 말했습니다. 더 사색이 된 것은 저의 얼굴이었습니다. 2년간 전공으로 수많은 과목을 배웠던 학생도 언어의 발달과 필요한 환경에 대해 제대로 모르고 있었다는 사실이 저를 망연하게 했습니다. 한편으론 그만큼 쉽게 이해할 수 없는 것이 언어의 발달과 발달의 촉진을 위한 실질적인 접근법이라는 생각이 들면서, 전공 지식이 없는 부모님들에게는 얼마나 더 어려운 얘기일까 생각해보았습니다.

이 책은 우리의 의식을 일깨워 언어능력에, 또 언어의 발달에 관심을 가지도록 잔잔하고도 쉽게 접근하고 있습니다. 언어란 무엇인지 발달 측면에서 쉽게 설명하고 있으며, 언어 발달의 어려움을 해결할 수 있는 다양한 방법까지 알려주고 있습니다.

그래서 저는 이 책을, 아이를 키우며 말을 배워간다는 것이 얼마나 신비로운 과정인지 깨닫고 궁금해하는 부모님들과 아이의 언어 발달이 늦어 힘든 과정을 겪고 있는 모든 부모님들의 손에 당장 쥐어드리고 싶습니다.

장재진 선생님은 당신의 아이들을 키우며 절절하게 느끼고 배운 살아있는 지식과 언어치료학이라는 복잡다단한 학문을 배우며 알게 된 심도 있는 지식을 모두가 이해하기 쉽도록 놀라운 글솜씨로 잘 연결하여 주셨습니다. 좋은 엄마이자 훌륭한 언어치료사로서, 오늘을 사는 우리 부모들뿐만 아니라 언어의 발달과 언어치료에 관심이 있는 모든 분들께 꼭 필요한 책을 집필해주신 장재진 선생님께 감사드립니다. 이 책을 추천하게 된 것을 영광으로 생각하며 많은 부모님들께 좋은 지침서가 되기를 소망해봅니다.

장선아
(전 우송대학교 언어치료청각재활학부 교수)

　태어났을 때 모든 아이는 눈, 코, 입, 손가락, 발가락, 어느 하나 사랑스럽지 않은 곳이 없습니다. 시선을 마주쳤을 때 반짝이는 눈망울이며 배냇짓이라고 부르는 소리 없는 웃음, 하품하는 모습까지 우리는 아이의 모습 하나하나를 기억합니다. 작은 인형 같았던 아기가 어느새 뒤집고 앉고 서고 걷고 뛰는 과정을 거치며 성장해갑니다. 몸의 성장만큼이나 아기들의 언어도 폭발적으로 자라납니다. 옹알이 소리밖에 낼 줄 몰랐던 아이가 어느새 단어를 말하고 문장으로 말하고 질문에 대답할 줄 압니다.

　아이의 신체 발달과 마찬가지로 언어 발달도 아이마다 다르게 나타납니다. 그럼에도 부모는 매 순간 많은 고민과 기다림의 과정을 거치며 아이의 언어 성장 과정을 지켜봅니다. 우리 아이가 또래 아이들보다 말이 늦으면 막연하게 불안해하고 혹시 언어적으로 자극이 부족해서 아이가 말을 못하나 싶어 자책하기도 합니다.

이렇듯 우리가 아이의 언어에 관해 끊임없이 고민하는 이유는 0~7세에 형성된 언어능력이 성인이 될 때까지 아이의 성장, 학습 등 모든 영역에 영향을 미치기 때문입니다. 언어능력은 단순히 언어를 얼마나 잘 사용하느냐 하는 문제가 아니라, 아이의 모든 능력을 결정짓는 기본이자 가능성입니다.

이 책은 아이의 언어능력을 좀 더 키워주고 싶은 부모님들과 말이 늦어서 걱정인 부모님들을 위한 '우리 아이 언어능력에 대한 지침서'입니다. 부모님들이 꼭 알면 좋을 중요한 정보 위주로, 이 책 한 권만 읽으면 아이의 언어능력에 대한 모든 것이 이해될 수 있고, 아이를 도와줄 수 있는 다양한 방법을 알 수 있도록 정리했습니다.

먼저 1부에서는 언어능력에 대한 설명을 담았습니다. 언어능력이란 무엇인지, 그것이 왜 중요한지, 아이의 언어능력을 키워주려면 어떻게 해야 하는지에 대한 전체적인 내용과 함께 부모가 아이의 언어능력에 대해서 꼭 알아야 하는 이유를 담았습니다.

2부에서는 7세 이전 아이들의 일반적인 언어 발달 과정을 실었습니다. 우리 아이와 비슷한 또래 아이들은 어떤 발달 순서를 거치고 있는지 알아야 하기 때문입니다. 부모들이 걱정하는 아이의 대표적인 언어 문제도 몇 가지 소개했습니다.

3부에서는 아이들 수준에 맞는 다양한 언어능력 발달 팁을 담았습니다. 특히 아이들과 직접 활용해볼 수 있도록 구체적인 방법을 실었습니다. 준비물이 없거나 간단한 재료만으로도 아이의 언어를 자극할 수 있는 놀이 방법들 위주로 정리했습니다.

4부에서는 언어능력과 관련해서 부모가 가장 많이 고민하고 물어보는 질문들을 실었습니다. 한글 읽기와 쓰기, 영어와 학습지, 어린이집까지 아이의 언어능력과 관련한 중요한 분야에 대한 현실적인 대답을 담았습니다. 또, 언어치료가 필요할 정도로 말이 늦거나 의심되는 아이들을 위한 핵심적인 조언과 격려도 들어 있습니다. 언어에 좀 더 집중적인 도움이 필요한 아이들을 둔 부모뿐만 아니라, 막연한 불안감을 가진 부모들에게도 도움이 될 것입니다.

이 책이 나오기까지 무엇보다도 제가 사람에 대한 학문인 언어치료를 공부하고 배울 수 있도록 길을 열어준 보석 같은 저의 두 아이와 지지해준 가족들, 이 책이 나올 수 있도록 동기를 불어넣어준 많은 아이들과 부모님들께 감사의 인사를 전합니다.

저의 큰 아이는 수술과 언어치료를 통해서 말을 배웠습니다. 네다섯 살이 되었는데도 좀처럼 좋아질 기미가 보이지 않는 아이를 위해서 집에서 해줄 수 있는 방법을 찾던 저에게 당시 시중에 나와 있던 아이의 언어에 대한 책은 전공자가 아니면 이해할 수 없을 정도로 어렵기만 했습니다. 결국, 저는 직장과 육아를 병행하면서 대학과 대학원을 거치며 언어치료를 배웠습니다. 그 사이에 큰 아이는 아직 소통의 어려움이 조금 남아 있지만 언어능력은 자기 또래 수준으로 잘 성장해주었습니다. 또, 둘째는 나무랄 데 없는 언어 감각과 독특한 표현력을 가진 건강한 아이로 자라났습니다.

언어치료사가 되어 10여 년 전의 저와 같은 고민하고 있는 부모님들을 만나면서 여전히 부모가 쉽게 접할 수 있는 아이의 언어능력에 관한 책이 없다는 것을 알고 마음이 아팠습니다. 제가 하고 싶고, 제가 해야 할 소명이라고 생각하며 이 책을 썼습니다. 지금도 아이의 언어와 소통 문제로 끊임없이 고민하고 있을 많은 부모님들께 이 책이 좋은 길잡이가 되기를 바랍니다.

2017. 11.
장재진

차례

4부 우리 아이 언어능력에 대한 오해와 진실

2장. 언어치료가 필요한 우리 아이, 어떻게 도와주어야 할까?

* 별책부록
하루 30분 연령별 언어능력을 키우는 엄마의 놀이 35

★★★ **1부** ★★★

말 잘하는 아이로 키우는 환경은 따로 있다

1장

언어능력이란 무엇이며
왜 중요한가요

언어능력이란
말만 잘하는 능력이 아니다

놀이터 모래사장에서 놀고 있는 두 아이가 있다. 나이도 덩치도 비슷해 보이는 영락없는 예닐곱 살쯤의 아이들이다. "거기 노란색 삽 좀 줄래?" 한 아이가 먼저 말을 걸자, 다른 아이가 "이거?" 하면서 근처에 있던 노란색 삽을 건네준다. 노란색 삽을 받은 아이는 삽으로 모래를 파내 길을 만들기 시작한다. 다른 아이는 그 옆쪽에 모래로 다른 산을 만들기 시작한다.

"산이랑 길을 연결하면 재미있겠다." "그래." 그게 재미있어 보였는지 또래처럼 보이는 한 아이가 끼어든다. 아이들은 놀이에 끼어든 아이와 큰 거부감 없이 어울리는 것처럼 보인다. "거기 파란 바구니 줄래?" 한 아이의 말에 새롭게 끼어든 아이는 자신의 앞에 놓인 빨간색과 파란색 바구니 앞에서 망설인다. 그러다가 빨간 바구니를 들어 보인다. "아니, 파란색." 그제야 파란색 바구니를 들어서 건네준다.

길을 만들기 시작했는데 상황을 제대로 이해 못 했는지 새로 온 아이는 산과 길을 연결하려는 두 아이의 말과는 달리 산과 길을 끊어놓는 방향으로 길을 만들기 시작한다. "아니아니, 그쪽 산이랑 여기 길이랑 연결할 거야." "그렇게 하면 안 되잖아. 그게 아니야." 먼저 모래놀이를 하던 아이들이 짜증을 내기 시작한다. 그런데 그 아이는 친구들 말이 이해가 안 되는지 멈칫멈칫한다. "아니, 나는 이렇게…." "아니, 우리는 산이랑 길이랑 연결하려고 했어. 그런데 너는 반대로 하잖아." 결국, 마지막에 낀 아이는 멍해진다.

여섯, 일곱 살이면 또래와의 놀이에 관심이 많고 말로 의사소통하면서 서로 금세 친해지는 연령이다. 그래서 이 시기 아이들은 같은 공간 안에서 함께 놀기를 즐기고 다른 놀이로 금방 확장시켜 나간다.

그런데 마지막에 합류한 아이는 '빨간색'과 '파란색'을 구별하지 못했고 친구들의 놀이 상황도 제대로 이해하지 못했다. 함께 놀고 싶었으나 어울리지 못한 것이다.

이 상황을 이 아이의 부모가 보았다면 마음이 어땠을까? '쟤가 파란색도 잘 모르네', '친구들이 설명해주는데 왜 그것도 못 알아듣지?', '왜 다른 애들과 못 어울리지?' 하면서 많이 속상했을 것이다. 이 아이는 말을 이해하고 표현하는 능력이 다소 부족한 것처럼 보일 뿐이지만, 이 시기에 언어능력이 또래보다 부족하면 학습 역량이 떨어질 수 있고 친구와 제대로 어울리지 못하는 경험이 늘어나면 위축되어 스스로 친구들을 멀리할 수 있다.

아이가 말을 이해하고 표현하는 능력은 자신의 의견을 전달하는 능력, 학습하는 능력, 또래와 의사소통하는 능력과 연관될 수밖에 없다. 단어의 개념을 말로 잘 설명할 수 있는 아이가 학습 능력이 뛰어난 아이가 되고, 다른 사람 앞에 나서서 말하기를 좋아하는 아이가 발표력이 좋은 아이가 된다. 그리고 글을 읽고 이해하는 능력인 독해력, 지식을 습득하는 능력인 지능, 다른 사람들과의 관계를 풀어가는 능력인 사회성, 무언가를 기억하고 처리하는 능력인 인지, 더 나아가 감정을 표현하고 다스리는 영역인 정서까지 모든 것이 언어능력과 관련되어 있다.

우리는 말로 대화를 나누고 다른 사람들과 소통한다. 말을 잘하지 못하는 아기 때부터 옹알이로 대화를 시도하고, 말을 하기 시작하면서부터는 수많은 정보와 그에 대한 생각과 느낌을 말로 전달한다. 모르는 것을 알게 해주는 것도, 그것에 관한 이야기와 경험을 나누는 것도 언어, 즉 말이 없다면 불가능한 일일 것이다. 그래서 우리에게 언어는 참으로 중요하다.

그렇다면 언어능력이란 무엇일까? 일단은 말 그대로 언어를 사용하는 능력이다. 국어사전에는 '무한히 많은 수의 문법적인 문장을 만들어낼 수 있는 잠재적인 능력으로, 전혀 들은 적 없는 문장까지도 생성해낼 수 있는 창조적인 능력'이라고 되어 있다. 교육심리학에서는 '자기 모국어를 자유롭게 조작할 수 있는 능력, 즉 말하고 듣고 이해하는 능력을 모두 포함하는 개념'이라고 정의한다.

결국, 언어능력은 우리 말을 잘 사용하는 능력이다. 다른 사람의 말이나 정보를 듣고 읽으며 이해할 수 있는 것, 그리고 자기 생각이나 느낌을 말이나 글로 쓸 수 있는 것, 즉 듣기, 말하기, 쓰기, 읽기 등 이해하고 표현하는 모든 과정을 포함하는 개념이라고 할 수 있다.

그럼 한번 생각해보자. 대부분 성인이 되면 우리 말을 잘 사용한다. 그렇다고 해서 성인 모두가 언어능력이 뛰어나다고 말할 수 있을까? 말을 할 줄 안다고 해서 언어능력까지 모두 비슷하다고 할 수 있을까? 그렇다고 보기는 어렵다. 분명 좀 더 잘하는 사람이 있고, 잘 못하는 것처럼 생각되는 사람이 있다.

"○○는 말만 하면 없는 물건도 팔 것 같아."

"어쩜 저렇게 ○○는 프레젠테이션을 잘하니? 말에 군더더기가 없고 깔끔하더라. 진짜 일 잘하는 거 같아."

"우울한 일이 있다가도 ○○와 이야기하면 기분이 참 좋아져."

"○○가 작성한 계획서를 보면 일목요연하고 이해가 쏙쏙 되더라."

우리는 일상생활에서 이런 이야기들을 한다. 같은 말을 해도 참 기분 좋게 하는 사람, 쏙쏙 알아듣게 논리정연하게 이야기하는 사람, 같은 글을 써도 이해가 잘 되고 호소력 짙게 쓰는 사람이 있다.

언어능력은 분명 언어를 잘 이해하고 사용하는 능력인데 사람들은 그것으로 그 사람의 인성, 성격, 리더십이나 일하는 스타일까지 규정

한다. 자신의 장점이나 실력을 표현하는 다양한 방법 중에 말을 하는 능력만큼 가장 **빠르고** 직접적이면서, 그 사람을 판단하게 하는 중요한 기준은 없다고 해도 과언이 아닐 것이다.

우리 주변을 보면 같은 능력을 갖췄더라도 좀 더 말을 논리적으로 하는 사람, 정확하고 기분 좋게 하는 사람이 항상 주변의 인정을 더 많이 받는다. 그래서 많은 사람이 어른이 되어서도 스피치와 관련된 수업을 듣고 글쓰기에 대한 강의를 듣는다. 그러나 어른이 되어서 언어능력을 키우기란 쉽지 않다. 어릴 때부터 모자람이 없도록 아이의 언어능력을 키워나가야 하는 이유다.

언어능력이 좋은 아이는
무엇이 다를까?

언어능력은 언어를 사용하는 능력에 국한되는 것이 아니라 다양한 능력을 포함하는 개념으로 볼 수 있다. 그렇다면 언어능력은 우리가 생각할 때 어떤 부분들과 관련성이 높을까? 언어능력이 높다는 것은 어떤 면에서 주목받을 수 있는 특징이 될까?

첫째, 언어능력은 자신이 원하는 것이 무엇인지 이야기하고 더 나아가 상황을 설명할 수 있는 표현력과 관련된다. 표현력이 좋은 아이는 사람들로부터 주목받고, 자기주장이나 생각을 잘 말하는 아이는 사람들로부터 인정받는다. 이 과정에서 자신감이 생기면 아이는 자기 생각이나 원하는 것을 더 정확하게 말할 수 있게 된다.

자기 생각을 잘 말하지 못하는 아이일수록 요구 사항이 있으면 떼를 쓰거나 고집을 피우는 등 부정적인 방법으로 표현하는 경우가 많다. 반면 말로 표현할 수 있는 아이는 원하는 것을 말로 전달하기 때문에 상대방과의 충돌을 피할 수 있다.

빵을 먹고 싶을 때, 말을 할 수 있는 아이는 "빵 주세요" 하고 말한다. 더 정확하게 말할 수 있는 아이라면, "엄마, 어제 산 크림빵 주세요" 하고 빵 종류까지 말한다. 그렇지만 아이가 빵을 표현하지 못하고 달라는 말도 할 수 없다면 손가락으로 빵을 가리킬 수 있다. 엄마가 그것을 알아채고 정확하게 빵을 준다면 문제가 없을 수 있다. 하지만 손가락 방향이 정확하지 않아 엄마가 빵 옆에 있는 떡이나 사과를 주었다면, 자신이 원하는 것이 아니므로 아이가 몇 번 더 반복하다가 울어버리거나 떼를 쓰는 상황이 발생할 수 있다. 아이에게도, 엄마에게도 답답한 상황이다. 어쩌면 그렇게라도 표현할 수 있다면 다행일지도 모른다. 손가락으로 가리키는 것도 안 되는 아이들은 먹고 싶어도 엄마한테 전달할 방법을 몰라 빵을 포기한다.

아이들은 자라면서 자신이 경험한 것을 다른 사람들에게 전달해야 하는 상황이 생긴다. 어린이집이나 유치원에서는 간단한 문장을 전달하는 형태로 아이를 통해 부모님께 '언어 전달'을 하기도 한다. 과제 혹은 중요한 행사 등 특이사항에 대한 간단한 한 문장을 기억했다가 부모님께 전달하게 하는 것이다. 어린이집이나 유치원에 등원한 초기에는 엄마들이 아이에게 어떤 일이 있었는지 끊임없이 물어보지만 아이의 대답은 신통치 않다. 어떤 아이들은 친구와 싸웠거나 특별한 상황이 생기면 먼저 종알종알 엄마에게 이야기를 늘어놓기도 한다. 우리말에는 사람의 행동이나 특성을 설명하는 단어가 자그마치 17,963개에 이른다고 한다. 어떤 상황이나 특성에 대해 전달할 때 이렇게 많은 단어를 잘 사용해서 설명하는 아이가 언어능력이 좋은 아이라고 볼 수 있다.

둘째, 언어능력은 아이와 다른 사람 간의 소통 능력인 사회성과 연관된다. 아이의 소통 능력이 곧 사회적인 능력이고, 이후 리더로 자라나는 밑거름이라고 해도 과언이 아니다. 만 2세 이하의 아이들은 말을 안 해도 사랑스럽고 또래들과 쉽게 어울릴 수 있다. 그 나이에는 말이 아닌 베이비사인, 즉 몸짓 언어만으로도 충분히 소통이 가능하다. 하지만 나이가 들수록 점점 말로 정하는 규칙들이 많아진다. 아기 때는 그저 도망가는 것을 잡는 형태의 술래잡기 놀이만 했다면 5~6세만 되어도 "가위바위보에 졌으니 너는 술래 해. 열 셀 때까지 절대 눈 뜨지 마"와 같은 규칙이 있는 술래잡기를 하게 된다. 그런데 이러한 문장을 말할 수 없고 이해할 수 없다면 아이는 또래와의 놀이에서 재미를 느낄 수 없다.

유아기나 초등학교에 다니는 아동기에 리더 역할을 하는 아이들은 대부분 말을 논리적으로 잘하는 아이, 말 안에 정확한 정보와 함께 이야기를 재미있게 담을 수 있는 아이다. 그런 아이들은 다른 아이들을 이끌면서 리더로 성장해간다. 이러한 경험을 많이 해본 아이가 이후 사회에서도 리더가 될 가능성이 높다.

어떤 상황에 대한 정확한 이해나 감정을 말로 표현할 수 있는 것도 언어능력이다. 어떤 상황에 대해 아이가 "그 상황은 너무 아이러니했어"라고 말했다면, 이 아이는 그 상황에 대한 자신의 감정을 '아이러니'

라는 단어로 설명한 것으로 볼 수 있다. 그 단어가 상황과 딱 맞아떨어졌다면, 아이의 언어적 표현력은 정말 훌륭한 것이다. 또, 울고 있는 엄마 옆에서 아이가 눈물을 글썽이며 "엄마, 나도 너무 슬퍼" 하고 자신의 감정을 정확하게 말로 설명했다면 엄마와 '슬픔'이라는 감정을 공유한 것이다. 이렇게 상황에 대해 정리하고 설명하는 능력, 아울러 감정을 나누고 공감하는 능력은 언어능력의 가장 중요한 부분이다.

셋째, 언어능력은 자존감과 관련된다. 아이가 말을 잘한다는 것은 자신을 어필할 수 있는 기회가 많다는 것이며, 특히 주목받을 기회가 많다는 뜻이기도 하다. 어떤 상황이 생겼을 때 어른들은 주변의 아이들에게 무슨 일이 있었는지 물어보게 된다. 그럴 때 아이가 상황에 대해 객관적으로 잘 설명하면 그 아이의 말에 신뢰감을 느끼게 된다. 따라서 언어능력이 좋은 아이들은 또래 관계뿐만 주변의 모든 사람과의 관계에서 자신감을 얻을 수 있다.

여기서 말을 잘한다는 것은 결코 어른처럼 말한다는 뜻이 아니다. 아이의 언어 수준에 맞는 논리성과 정확성, 문법성을 갖추면 된다. 3세 정도의 아이가 정확한 조사를 사용하지는 못해도 그 수준에 맞는 2~3어절 수준의 문장을 구사하면 언어능력을 잘 갖추었다고 볼 수 있다. 7살 정도면 어휘 수준이나 문법 수준이 성인처럼 아주 완벽하진 못해도 잘 완성된 문장을 구사해야 또래 수준의 언어능력을 갖춘 아이라고 할 수 있다.

반면 아이가 말을 잘 못하는 경우, 즉 발음이 나쁘거나 이야기가 두

서가 없는 경우라면 아이는 '네 말을 잘 알아듣지 못하겠다'는 상대방의 반응에 좌절감을 느끼게 된다. 여러 번 말해도 잘 못 알아듣는 상황이 반복되면 아예 입을 다물고 말하지 않는 아이들도 있다.

언어능력은 처음부터 만들어져 있거나 고정된 것이 아니다. 물론 타고난 언어능력이 좋은 아이들은 커서도 말에 대한 자신감이 있고 표현력이 풍부한 어른으로 성장할 가능성이 높다. 하지만 처음에는 조금 늦더라도 외부로부터의 언어 자극과 생각을 표현하는 훈련을 통해 언어능력은 얼마든지 발전할 수 있다. 따라서 우리 아이의 언어능력이 다른 아이들에 비해 부족해 보여서 걱정이 되더라도 부모가 조금만 신경 써서 언어적으로 자극해주고 아이가 표현할 방법들을 찾아서 도움을 주면 충분히 좋아질 수 있다.

지금 우리 아이 언어가
평생의 언어능력을 결정한다

많은 부모가 아이의 언어발달 수준에 대해 고민하고 어떻게 하면 아이의 언어능력을 잘 성장시킬 수 있을지 생각한다. 그것은 아이를 걱정하고 사랑하는 엄마의 마음이기도 하다. '옆집 누구보다 우리 아이가 말이 빠른 것 같다'고 안심하기도 하고, '앞집 누구는 벌써 말을 이만큼 한다더라' 하고 계속 비교한다. 그래서 우리 아이의 말이 늦는 것 같으면 고민이 많아지고 불안해진다. '우리 아이만 말이 늦는 것이 아닐까, 우리 아이 나이 정도면 어느 정도 말해야 언어적으로 괜찮은 거지?' 하고 생각하면서 끊임없이 주변 또래들을 둘러보게 된다.

사실 영유아기 아이들의 언어능력에 대한 부모님들의 이러한 관심과 걱정은 반드시 필요한 것이다. 언어능력의 상당 부분이 학교 입학 이전에 완성되기 때문이다. 그리고 생후 몇 년일 뿐인데도 어린 시절에 고착된 발음이나 소리는 고치기 어렵다고 할 정도로 이 시기의 언어는 어른이 된 이후까지 영향을 미친다.

이에 대한 설명을 위해서 뇌의 특성에 대해서 짚고 넘어가야 할 것 같다. 뇌는 태어나면서부터 다양한 반응을 받아들일 준비를 하게 되며 자극에 따라 점차 성장한다. 특히 생후 첫 1년 동안 뇌는 매우 빠른 속도로 발달하며, 보다 정교하게 뇌 회로의 발달이 계속 이루어진다.

태아기가 뇌의 하드웨어가 만들어지는 시기라면, 영유아기는 프로그램을 만드는 시기다. 즉 여기서 중요한 사실은 뇌의 영역은 계속 사용하면 더 발달하지만 쓰지 않으면 퇴화한다는 것이다.

뇌가 얼마나 잘 활성화되는가를 보는 척도는 각각의 뇌세포들이 다른 세포들과 얼마나 많이 연결되어 있느냐 하는 것이다. 세포 간의 연결 즉 시냅스라는 영역에 대해 들어봤을 것이다. 시냅스가 다양하고 많을수록 들어오는 정보에 대한 다양한 해석과 판단이 가능해진다. 그러므로 시냅스가 얼마나 많이, 적절하게 만들어지느냐가 중요할 수밖에 없다. 이 시냅스 형성이 가장 폭발적으로 이루어지는 시기가 바로 영유아기다.

뇌세포들은 적절한 자극이 없으면 스스로 불필요하다고 판단하여 없어지기도 하고, 많은 자극이 이루어지면 새롭게 더 잘 연결되기도 한다. 어떤 기능은 다른 기능으로 대체되기도 한다. 그래서 뇌의 발달을 이루기 위해서는 영유아기의 자극이 무엇보다 중요하고 꼭 필요하다고 할 수 있다. 그렇다고 해서 자극이 과도할 필요는 없다. 아이가 받아들일 수 있을 정도의 의미 있고 적절한 양이면 충분하다.

사실 0~12개월 정도까지 아이들의 언어는 대부분 크게 차이가 느껴

아이의 언어능력

지지 않는다. 다들 '엄마' 아니면 '아빠' 정도의 단어만 말하거나 그 정도도 못하는 아이들도 있다. 하지만 아이들은 말을 못하는 것뿐이지 정말 많은 것을 알아가는 중이다. 언어라는 바구니에 차곡차곡 사물의 이름들을 담아가고 있다. 잘 쌓아놓은 사물의 이름들을 언젠가는 적재적소에 잘 꺼내쓸 수 있도록 준비를 하는 것이다.

차이는 있지만, 첫 단어가 나오는 시기가 지나면 아이들의 말은 놀라울 정도로 다양해진다. '드라마틱'이라는 표현을 쓸 정도로 아이들의 어휘는 폭발적인 시기를 맞이한다. 그래서 0~12개월은 변화가 거의 없는 것처럼 보이지만 12~24개월, 24~36개월, 36~48개월에 이뤄지는 각각 1년간의 변화는 참으로 놀랍다. 48개월만 되어도 거의 어른의 문장과 비슷할 정도로 꽤 완벽한 문장을 구사하게 되기 때문이다.

그런데 이렇게 놀라운 변화를 보이는 동안 우리 아이가 그 자리에서 멈칫하면 다른 아이들과의 차이를 좁히기 쉽지 않을 수 있다. 장애물 달리기를 생각해보면 이해가 쉽다. 한참 도움닫기를 준비하고 전력을 다해 뛰기 시작한 아이들은 거칠 것 없이 장애물을 힘차게 뛰어넘는다. 그런데 도움닫기도 제대로 안 되어 있고 한 번 장애물에 걸린 아이들은 뛰는 속도도 느리지만 장애물이 나타나면 또 넘어질지 모른다는 생각에 두려워진다. 이런 아이가 빠르게 성장해가고 있는 다른 아이들 틈바구니에서 제대로 잘 성장할 수 있으려면 부모의 지원과 관심은 필수라고 해도 과언이 아닐 것이다.

아무런 발전이 이루어지지 않는 것처럼 보이지만 생후 1, 2년인 영유아기는 언어능력이 발달하는 굉장히 중요한 시기다. 이 시기는 사실 기다림의 시간이라기보다는 밖으로 보이지는 않지만 빠르게 변화하는 시간이다. 마치 물 위에 오리는 가만히 떠 있는 것처럼 보이지만, 물 안에 있는 오리의 발은 빠르게 움직이고 있는 것과 같다. 겉으로 드러나지는 않지만 뇌는 빠르게 성장하면서 연결고리들 즉 시냅스들을 만들어간다. 언제 꺼내어지고 어떻게 만들어질지는 모르지만 이러한 뇌의 활동으로 언어능력은 점점 커가고 있다.

단지 기다리기만 하는 것으로는 아이의 언어능력이 제대로 채워질 수 없다. 언어능력을 키우기 위해서는 적절한 언어 자극이 이루어져야 한다. 말을 많이 하는 것보다 말과 함께 의미 있는 눈 맞춤과 적절한 반응을 전달하는 것이 더 중요하다. 아기 때부터 반응에 적절하게 노출되었고 그에 대해 의미 있게 상호작용해본 경험이 있는 아이들은 자라서도 자연스럽게 그것을 받아들인다.

어린 아기일 때부터 아이는 자신의 말소리가 다른 사람의 반응이나 행동에 영향을 미치고 원하는 것을 얻으려면 말로 표현하는 것만큼 적절한 수단이 없다는 것을 알아야 한다. 원하는 것을 얻기 위해 바닥에 드러누워 떼를 쓰는 대신 손가락으로 가리키면서 "주세요" 하고 말할 수 있어야 한다는 것이다. 이때 부모의 반응이 참 중요하다. 소리를 내거나 원하는 것을 이야기했을 때 부모의 즉각적이고 적극적인 반응을 경험한 아이들은 나중에 의사소통의 수단으로 말을 잘 사용할 수 있다. 떼를 쓰거나 화를 내지 않아도 말로 수월하게 의사소통해본 경험이 있기 때문이다.

영유아기는 의사소통의 수단으로 말을 본격적으로 사용하지는 않지만 언어능력의 기본적인 태도를 배운다는 측면에서 매우 중요하다. 말로 의사소통해본 경험, 상대방의 이야기를 듣고 지시 따르기를 해본 경험, 심부름했을 때 칭찬받고 격려받아본 경험 등 다양한 언어적 경험이 쌓여야 원활한 의사소통이 가능해지기 때문이다.

또한, 영유아기는 이후 시기의 어휘력을 충실하게 채워가는 시간이기도 하다. 이 시기만큼 아이의 질문이 많고 그에 대한 대답을 입이 아프게 해주는 시기도 없을 것이다. 처음에는 주로 '이게 뭐야?' 하는 사물의 이름에 대한 질문이지만, 점차 '언제 집에 갈 거야?', '왜 하늘은 파랗게 보여?'와 같은 다양한 질문들을 통해 아이들은 정보를 얻기 위해 노력한다.

영유아 시기의 아이는 입 밖으로 내뱉는 어휘보다 더 많은 것을 머릿속에 담고 있으며, 충분히 자기 것이 되었을 때 그 단어를 의미 있게 말한다. 따라서 영유아기에 많은 말을 듣고 말하는 과정은 이후 언어능력의 밑바탕이 된다고 해도 과언이 아니다. 우리 아이들이 언어능력을 제대로 갖출 수 있도록, 특히 영유아기 아이들에 대한 많은 언어적 지지와 노력이 이루어져야 할 것이다.

2장

부모가 바뀌면 아이의
언어능력은 달라진다

부모가 '아이의 언어'를 공부해야 하는 이유

갓난아이가 울고 있을 때, 기분 좋은 옹알이를 할 때 누구보다도 그 이유를 가장 잘 아는 사람은 부모, 그중에서도 엄마다. 아이의 소리만 들어도 기저귀가 젖어서 우는지, 배가 고파서 우는지, 졸려서 우는지 엄마는 상황에 맞추어 아이를 달랠 수 있다. 말을 할 수 있는 나이가 되었을 때도 엄마는 아이가 가리키는 손가락만 보아도 무엇을 달라고 하는지, 발음이 정말 좋지 않아도 아이가 무슨 말을 하는지 정확하게 잘 이해한다. 어떻게 저 정도의 말만 듣고 엄마가 알아듣는지 신기할 정도다. 엄마에게는 우리 아이에게 집중된 특별한 능력이 있는 것 같다.

아이에게 엄마는 특별한 존재다. 아이는 다른 어떤 사람에게 인정받는 것보다 엄마로부터 사랑받고 인정받기를 원한다. 그래서 엄마가 아이에게 보이는 태도는 아이에게 절대적인 의미가 있다. 즉 내가 낸 소리에 엄마가 반응이 별로 없다거나, 내가 한 말을 엄마가 못 알아들었을 때 아이가 느끼는 상대적인 절망감은 다른 사람의 반응에서보다 훨씬 크다는 이야기다.

부모는 가장 가까이에서 아이에게 가장 많은 언어 자극을 줄 수 있는 사람이므로 아이의 언어에 대해서 잘 알고 있어야 한다. 대개 부모는 아이가 무엇을 좋아하는지, 어떤 부분이 부족한지 잘 파악하고 있다. 가까이에서 가장 많은 시간 아이를 관찰하고 아이의 변화를 예민하게 평가하는 사람이기 때문이다.

이렇게 얘기하면 워킹맘들은 아이를 매번 자세히 보지 못하는 상황인데 어떡하지 하고 걱정될 것이다. 하지만 그런 상황이라도 크게 걱정할 필요는 없다. 유치원이나 어린이집 같은 교육기관, 할아버지나 할머니, 베이비시터 등 상당 시간을 다른 사람에게 맡겨 양육하고 있는 경우라고 해도 아이에게 관심만 있다면 부모가 제일 빠르고 정확하게 아이에 대해 파악해낸다. 워킹맘이라 자주 언어 자극을 주면서 함께 놀아주는 것은 어려울 수 있지만, 언어능력을 키우는 데는 시간보다 언어 자극의 질이 훨씬 더 중요하다는 것은 누구나 잘 알고 있다.

우리가 책을 읽어줄 때, 아이들은 다소 내용이 유치하고 이런 것까지 읽어야 하나 싶은 책을 골라온다. 아니면 내용을 외울 정도로 읽어서 너덜너덜해진 책을 계속해서 읽어달라고 하는 경우도 있다. 다른 책을 읽어주고 싶은데, 연령 수준에 맞는 책을 읽어야 하는데 왜 우리 아이는 아직도 아기 같은 책만 읽어 달라고 하는 건지, 엄마들 마음은 때로 답답하다. 이 정도는 읽어야지, 하고 책을 내밀면 아이는 그새를 못 기다리고 쪼르르 도망간다. 그래서 전문가들은 독서 습관을 기르려면 아이가 고르고 집중하는 책부터 시작해야 하며, 엄마 기준으로 책을 고르지 말라고 한다.

언어능력을 키우기 위한 언어 자극도 마찬가지다. 아이 수준에 맞는, 혹은 그보다 더 쉬운 과제부터 시작해야 아이도 즐겁게 언어를 성장시켜나갈 수 있다. 특히 아이가 좋아하는 놀이는 언어능력의 발전을 돕는 가장 좋은 매개체가 된다. 그래서 아이가 어떤 놀이를 할 때 옹알이를 많이 하고 소리를 지르고 말도 많은지 관찰이 필요하다. 아이에 대해서 이렇게 관찰하고 지켜볼 수 있는 것은 엄마의 사랑이 아니고는 불가능하다.

때로는 과도한 언어 자극이 문제가 되기도 한다. 아이가 책을 좋아한다고 책으로만 언어 자극을 주고 엄마와의 놀이를 하지 않는다면, 무조건 책만 읽는 아이로 자라났다면 이 아이는 제대로 성장할 수 있을까? 언어 자극을 많이 주면 좋다고 해서 뽀로로 같은 동요나 이야기 CD만 온종일 틀어 놓는다고 해서 언어가 발달할까? 이러한 언어 자극은 적절한 것이 아니라 과도한 것이며 일방향적인 것이기 때문에 문제가 있다. 언어능력은 무엇보다도 '소통' 능력임을 잊어서는 안 된다.

엄마가 되면 알아야 할 것도, 생각해야 할 것도 참 많은 것 같다. 그중에서도 아이의 언어능력에 관심 있는 부모, 우리 아이가 다른 아이들보다 언어적으로 좀 더 잘 성장하기를 바라는 부모라면 아이의 언어에 대해서 제대로 알아야 한다.

아이는 이미 태어나면서부터 언어를 습득할 준비가 되어 있으며,

2~3년이면 모국어의 많은 것을 이해하고 표현할 수 있을 정도로 언어적 측면에서 천재성을 가지고 있다. 이때 누구보다도 자기 아이에게 관심을 가지고 있는 부모야말로 아이의 언어능력을 가장 좋은 방법으로 지원할 수 있는 맞춤형 선생님이 될 수 있다. 엄마의 관심과 공부가 아이가 잘 성장할 수 있도록 돕는 길이라고 생각하면 어떨까?

연구에 따르면, 평소 부모의 말이나 사용하는 단어의 수가 아이의 어휘와 언어 발달에 영향을 미치는 것으로 나타났다. 아이에게 직접적으로 언어 자극을 줄 때뿐만 아니라 부모가 일상생활에서 사용하는 말에도 아이는 영향을 받는다는 것이다. 말끝마다 '참'을 붙이는 아이가 있었다. 부모는 '저 말을 우리 아이가 어디서 배워서 쓰는 거지?' 하고 생각하고 그 말을 쓰지 말라고 했다. 하지만 나중에 알고 보니 엄마 스스로가 무의식중에 많이 하는 말이었다. 이런 예는 너무도 많다. 부모의 언어와 언어 습관이 살아 있는 언어 환경이 되어 아이에게 그대로 영향을 미치게 되는 것이다.

부모가 연령별 가장 기본적인 언어 자극의 원칙들에 대해서만 알고 있어도 아이의 언어능력을 키우는 데 효과적인 방법을 알고 있는 것이다. 아울러, 언어 자극도 중요하지만 아이의 말에 반응하는 방법도 우리는 충분히 배워야 한다. 아이는 엄마의 반응이나 격려에 민감하게 반응하기 때문에 아이에게서 적절한 언어를 끌어내기 위해서는 부모의 반응이 무엇보다 중요하다. 그냥 무조건 잘한다는 칭찬이나 무조건적인 공감보다 언어적으로 다양하게 반응해주는 것이 좋다.

이러한 배움은 우리 아이에 대한 것이기 때문에 결코 힘들거나 어렵지는 않을 것이다. 가장 가까이에서 아이를 오랫동안 지켜보고 관찰할 수 있는 사람, 누구보다도 내 아이에게 가장 큰 애정과 사랑을 가진 사람, 아이의 말과 행동에 가장 잘 반응해줄 수 있는 사람은 바로 부모이다. 부모는 반드시 아이의 언어에 대해서 제대로 알아야 하며 내 아이를 바라보는 정확한 눈과 때로는 냉정함을 갖춰야 한다.

우리 아이와 또래 언어능력을 모두 알아야 한다

부모들이 아이의 언어능력에 대해서 말할 때는 집에서 아이가 하는 행동이나 말을 보면서 판단하게 된다. 때로 할아버지, 할머니가 아이에 관해 이야기하는 경우가 많은데 이럴 때는 좀 더 아이에 대해 후하고 너그러운 시선을 가지는 경우가 많다. 때로는 같은 어린이집 친구들의 상황만을 늘어놓으며 아이의 언어 수준을 말하는 경우도 많다.

그런데 아이의 언어능력에 관한 판단은 과하지도 모자라지도 말아야 한다. 어떤 부모들은 아이의 언어 수준이 낮아서 걱정스러울 정도인데도 "그래도 우리 아이는 이것도 하고 저것도 해요. 말만 못하지 생각보다 똑똑하다니까요" 하고 과하게 좋게 평가한다. 어떤 부모들은 아이가 정상 수준인데도 "우리 아이는 이것도 못하고 저것도 안 되는 것 같아요. 다른 아이들보다 너무 못하는 것 같아서 걱정돼요" 하고 낮게 평가한다. 어느 것도 아이에게 좋은 영향을 기대하기는 어렵다.

과하게 좋게 평가된 아이들의 부모는 아이의 문제를 심각하게 생각하지 않는 경우가 많다. 아이의 부족함을 인정하기 어려워하고 설마 하는 마음에 아이의 상태를 받아들이지 못하고 정확한 진단을 차일피일 미룬다. 그랬다가 아이가 또래 아이들보다 너무 많이 뒤처진 상황이 발생했을 때에야 언어가 늦다는 것을 인지한다. 그러면 '이것도 할 줄 알아요', '저것은 할 줄 알 텐데' 하면서 변명하는 상황들이 생기게 된다. 아이를 사랑하고 지지하는 마음이 지나쳐 객관적인 상황을 인정하지 못한 경우다.

반대로 언어능력이 낮게 평가된 아이들은 자신감이나 자존감에 상처를 입게 되는 경우가 많다. 분명 정상적인 언어 발달을 하고 있는데 아이는 자신이 뭔가 부족하다고 생각해서 위축된다. 의사소통에서 자신 없어 하기도 하고, 할 줄 아는 말인데도 주눅이 들어 있는 모습을 보이거나 주변의 눈치를 살피게 되기도 한다.

아이가 어느 정도로 말하는지, 어느 정도로 의사소통할 수 있는지 내 아이의 언어능력을 알기 위해서는 엄마의 눈이 누구보다도 정확해야 한다. 그러려면 우리 아이 연령이면 어느 정도 수준에 있어야 하는지 잘 알아야 한다. 그런 수준에 맞추어 아이의 언어가 늦은지 빠른지를 정확하게 판단해야 앞으로의 언어능력 발달을 위해서 어떻게 할지 방향을 정할 수 있다.

그렇다면 아이의 언어를 정확하게 안다는 것은 무엇일까?

첫째, 아이의 나이에 맞는 일반적인 언어 수준을 알고 있어야 한다. 생후 1년 정도 된 아기가 문장 수준으로 말한다거나, 5살쯤 된 아기가 단어만 가지고 말한다면 분명 또래 아이들과는 다르다는 것을 인지해야 한다. 즉 우리 아이의 나이가 생후 몇 개월인지를 보고, 그 나이에 적절한 언어 발달 수준이 어느 정도인지를 파악하는 것이 먼저다. 그래야 우리 아이가 기준에 맞는지, 어느 정도 발달하고 있는지 파악할 수 있기 때문이다.

그런데 그 기준은 결코 옆집 아이이거나 문화센터나 어린이집의 다른 아이여서는 안 된다. 그 옆집 아이의 언어 수준이 빠를 수도 있고 느릴 수도 있어서 상대적이기 때문이다. 연령에 따른 언어 발달 기준은 잘 나와 있고, 이 책의 2부에도 상세하게 설명되어 있다. 이러한 언어 발달 기준은 수많은 또래 집단 아이들을 대상으로 검사를 통해 밝혀낸 표준화된 것이기 때문에 일반적인 기준이 될 수 있다.

둘째, 우리 아이의 언어 수준을 정확하게 파악하고 있어야 한다. 엄마는 아이가 3어절 정도(엄마 밥 먹어)의 문장은 말할 수 있다고 했는데, 막상 놀이 상황에서 살펴보면 아이가 2어절(엄마 밥)도 제대로 못 하는 경우가 있다. '왜'만 안 되고 '언제', '어디'와 같은 다른 의문사에는 대답할 수 있다고 했는데 아이가 '누가'라는 질문조차 제대로 이해하지 못하는 경우도 있다. 이 경우 엄마가 아이의 언어 수준을 정확하게 파악하고 있다고 보기 어렵다. 아이에 대해 문장으로 설명하기가 어렵다면 적어도 상대방의 질문에 정확하게 대답할 수 있어야 하는데 그 대답이 틀린 경우가 생각보다 많다. 부모들은 아이의 언어가 걱정되더라도 다른 사람에게는 좀 더 좋게 말하는 경향이 있다. 그러나 그 말은 아이의 언어를 유심히 관찰해보지 못했다는 뜻이기도 하다. 그래서 때로는 엄마의 눈이나 귀보다는 주변 사람이나 처음 보는 사람, 혹은 전문가의 눈이 더 정확할 수 있다.

셋째, 연령에 맞는 언어 수준과 내 아이의 언어 수준을 알았다면, 그 다음은 어떻게 도와주어야 하는지 알아야 할 필요가 있다. 영유아기의 아이들은 혼자서 혹은 스스로 알아서 성장하지 않는다. 부모를 비롯한 주변 사람들이 끊임없이 자극을 주는 가운데 성장해간다.

아이가 또래보다 언어가 늦다거나 언어평가에서 조금 늦다는 이야기를 들으면 엄마의 마음은 막막해진다. 그래서 언어 자극을 주는 것이 좋다고 하니까 무조건 많은 자극을 주려고 하는 경우가 생긴다. 아이의 수준은 간단하게 몇 마디 이해할 수 있을 정도인데 지나치게 어려운 책을 읽어주거나 자동차를 좋아하는 아이에게 관심도 없는 장난감으로 언어 자극을 주려 하는 경우다. 이러한 언어 자극은 부모의 만족만을 위한 언어 자극이라고 해도 과언이 아니다. 아이가 전혀 받아들일 준비가 안 되어 있으면 언어놀이는 재미없고 힘들기만 하다. 과도한 언어 자극은 큰 부작용을 불러일으키기도 한다. 결국, 엄마도 힘들고 아이도 힘들고 서로에게 아무런 도움이 되지 않는 상황이 된다. 엄마가 방향을 잡기 힘들다면, 전문가 즉 언어치료사의 도움을 받는 것도 나쁘지 않다. 이럴 때는 어떻게 하면 좋을지 일반적인 방향을 가장 잘 알고 있는 사람들이 바로 전문가이기 때문이다.

놀이로 언어 자극을 주는
요령과 원칙

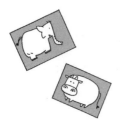

　아이들과 놀아준다는 것은 정말 쉬우면서도 어렵다. 어느 날은 아무 것도 아닌 장난감을 가지고 한참을 놀기도 하고 어떤 날은 진짜 잘 놀 수 있는 환경인데도 제대로 놀지 못하기도 한다. 같은 장난감을 가지고 놀아도 어떤 날은 즐겁게 잘 놀고 어떤 날은 시큰둥해한다.

　언어 자극을 위해서는 무엇을 하든 아이들이 좋아하는 것을 활용하거나 아이들이 좋아하는 활동으로 만들어야 한다. 아이들은 어른처럼 싫어하는 활동에 인내심을 발휘해서 집중하거나 '해야 하는 것'이라고 생각하지 않는다. 단순한 호기심에 인내심을 잠시 발휘했다가도 금세 다른 곳으로 눈을 돌린다.

　아이의 언어에 관심을 가지기 시작하면 엄마들은 아이와 '이 놀이를 해봐야겠다'고 이것저것 준비를 한다. 아이와 미술 놀이를 해보겠다고 물감도 준비하고 큰 전지도 바닥에 붙였다. 그런데 막상 아이는 10분도 안 되는 아주 짧은 시간만 물감 놀이를 하고 다른 놀이를 하겠다며 가버릴 수 있다. 요리를 해보자고 빵이며 햄, 치즈를 준비했는데 아이가 "난 샌드위치 싫어" 하고 말할 수 있다. 클레이로 아이와 요리 놀이를 하면서 언어적으로 자극을 주려 했는데 아이는 그냥 여러 가지 모양을 만드는 것에만 관심을 보일 수도 있고, 집놀이를 하면서 집 안에 있는 다양한 가구 이름을 알려주려 했는데 아이는 엄마의 의도와는 다르게 인형을 입히고 재우는 활동에만 집중할 수 있다.

아이가 자기가 좋아하는 놀이만 너무 고집한다고 걱정하거나 엄마의 놀이를 좋아하지 않는다고 의기소침할 필요는 없다. 때때로 어떤 부모는 아이를 위해서 힘들게 준비했는데 아이가 관심을 보이지 않으면 '내가 우리 아이를 이렇게 몰랐나' 하고 갑자기 의욕을 잃기도 한다. '도대체 내가 뭘 준비한 거지' 하는 생각도 하게 된다.

아이를 위해서는 부모의 지나친 의도나 욕심을 잠시 접어두는 것이 좋다. 아이와 소꿉놀이를 하겠다고 이것저것 펼쳤는데, 아이가 갑자기 기차놀이를 하겠다고 하는 경우가 생긴다면 어떻게 해야 할까? 그러면 오늘은 기차놀이를 하는 것이 맞다. "기차놀이 안 돼. 오늘은 소꿉놀이 하자"라고 아무리 해도 아이는 이미 기차에 눈과 마음을 빼앗겼다. 마음을 돌리기 쉽지 않을 수 있다. 그러면 오늘은 소꿉을 접고 기차에 집중해서 다양한 자극을 주어야 한다.

하지만 반대의 경우도 종종 생긴다. 아이가 기차놀이를 하겠다고 했지만, 엄마와 누나가 너무 재미있게 소꿉놀이를 하는 것을 보면 기차 장난감이 시시해져서 소꿉놀이로 슬금슬금 다가올 수도 있다. 그러면 관심이 생긴 소꿉놀이를 통해서 언어 자극을 줄 수 있는 적기이다. "소꿉놀이할 거야?" 하면서 아이를 자연스럽게 소꿉놀이로 이끌 수 있다.

아이에게 언어적 자극을 주고 싶다면 아이의 눈높이에 맞는 장난감이나 활동을 준비하는 것이 가장 좋다. 아이의 수준보다 조금은 쉽고 유치해 보이는 것이 오히려 더 활동에 적합할 수 있다. 그리고 그때그때 아이의 이끌림대로 방향을 수정하면 된다. 엄마가 처음에 생각했던 활동을 하겠다고 아이를 무리해서 이끌 필요가 없다는 것이다. 이왕 아이에게 언어 자극을 주면서 놀아주겠다고 마음을 먹었다면, 아이가 즐거워할 수 있는 놀이가 가장 좋다.

만약 꼭 엄마가 준비한 활동을 해보고 싶다면 먼저 그 놀이가 재미있게 보일 수 있도록 엄마가 조금은 오버해서 활동하면서 아이의 반응을 지켜보는 방법이 있다. 아이들은 엄마가 좋아하는 것을 해보고 싶고, 엄마가 관심 있는 것에 호기심을 보이게 마련이다. 그래서 다른 활동을 하고 있더라도 엄마가 너무 즐겁고 재미있게 놀이하는 모습을 보면 아이는 "엄마, 그게 뭐야?" 하고 슬금슬금 다가온다.

아이가 어릴수록 아이의 호기심 없이는 어떤 활동도 제대로 이루어질 수 없다. 아이가 원하는 놀이를 하든 엄마가 원하는 놀이 상황으로 이끌든 중요한 것은 아이가 관심을 가지고 활동에 참여하도록 하는 것이다. 이미 아이의 관심이 없어진 후에는 어떤 활동을 해도 의미가 없다. 아이들은 엄마와 활동을 재미있게 하다가도 금방 다른 곳으로 시선이 움직여 손을 뻗게 되기도 한다. 그런 상황에서 지금 하고 있는 활동을 마무리할 것인지 아니면 아이의 호기심 방향으로 움직일 것인지를 판단하는 것 역시 순간적인 엄마의 선택이다. 어떤 방법이든 아이에게 다양한 언어적 자극을 주는 것에 대해서만 생각하면 된다.

아이의 집중 시간이 짧다고 속상해할 필요는 전혀 없다. 아이가 집중하는 시간이 짧은 것은 어쩌면 당연하다. 그 짧은 집중 시간 동안 어떻게 효과적으로 언어적 자극을 제시하는가가 중요하다. 엄마와 눈을 마주친 짧은 순간, 아이가 눈을 반짝이며 잠시 집중하는 순간에 오늘 꼭 알려줘야 할 말이나 표현을 전달해주는 것이다.

언어 자극을 위한 놀이 활동에서 우리가 또 하나 생각해야 할 것은 아이의 언어 수준이다. 보통 아이의 언어 수준과 비슷하거나 한 단계 정도 높은 언어 자극을 모델링 형태로 주는 것은 언어 성장에 도움을 줄 수 있다. 1~2어절 정도 말할 수 있는 아이라면 3어절 정도로 모델링을 해주는 것이 좋다고 한다. 그래야 아이에게 도전하고 싶은 의욕도 생기고, 한 걸음 더 성장하기 위해 노력하게 되기 때문이다.

아이의 수준에 맞게 말을 할 때는 운율이 있고 리드미컬하게 말해주는 것이 좋다. 어른들도 아무 운율 없는 문장보다 운율이 있는 문장을 더욱 잘 받아들이고 이해한다. 하물며 아이들은 더욱 그러할 수밖에 없다. 아이들이 의성어, 의태어를 더 잘 받아들이는 이유 중 하나는 운율이나 리듬의 속성 때문이다. '토끼'보다 '깡충깡충', '오리'보다 '꽥꽥'이라는 의성어나 의태어를 아이들은 훨씬 쉽고 빨리 배운다.

나이가 어리거나 언어적으로 지연된 아이들일수록 의성어, 의태어를 적극 사용해야 한다. 다른 단어들보다 훨씬 더 아이의 관심을 불러일으키고 집중하게 하기 때문이다.

또, 아이들에게 언어 자극을 줄 때 과하게 어렵거나 길지 않도록 주의해야 한다. 조금 과장해서 비유하자면, 짧은 문장 수준으로 말할 수 있을 정도의 영어 수준인데 BBC 방송을 틀어놓고 "들어보고 이해해보라"는 것과 같은 잘못을 범해선 안 된다는 것이다.

이제 단어 수준으로 말하는 아이인데 "엄마가 밀가루와 버터로 빵을 만들어줄 건데, 우리 ○○이는 무슨 빵을 만들고 싶어?" 이렇게 복잡하게 물어보는 것은 크게 의미가 없다. 그리고 빵을 만들어보는 요리 과정에서 "이건 무슨 색이야?", "이건 무슨 모양이야?" 하면서 과도하게 모양이나 색깔 등 인지적 개념을 이야기해줄 필요도 없다. 빵을 굽는 것을 기다리는 느낌으로 "하나, 둘, 셋, 넷"을 셀 수 있지만 갑작스럽게 놀이 상황과 상관없는 숫자 세기도 놀이에 대한 집중력을 흐트러뜨릴 수 있다. 아이가 자발적으로 시작했다거나 좋아하는 활동이라면 모를까, 지나치게 많은 내용을 언어 놀이 상황에 넣는다거나 그때그때 생각했던 것보다 더 많은 것을 할 필요는 없다는 것이다.

아이들은 부모와 함께했던 즐겁고 자연스러운 상황에서 인상 깊었던 말들을 잘 기억한다. 아이가 좋아하는 놀이가 무엇이고, 가장 즐겁게 참여할 수 있는 상황이 언제인지 유심히 지켜보고 관찰했다가 아이 앞에 꺼내놓을 수 있도록 준비해보자.

아이에겐 말할 기회와
반응할 시간이 필요하다

아이가 다른 것은 눈치로 잘 아는 것 같은데 왜 이리 말이 늦은지 속상할 때가 있다. 그런데 한나절 정도만 집안 상황을 살펴보면, 왜 아이가 말이 늦은지 이해가 된다. 아이가 징징거리며 엄마에게 매달린다. 배가 고파서 그런지, 무엇이 마음에 안 들어서 그런지 엄마는 답답해하면서 이유를 찾으려고 애를 쓴다. 그때 아이가 손가락으로 먹을 것을 가리킨다. 그러면 엄마는 당황해서 "이거? 이거?" 하면서 아이가 원하는 것을 찾아준다.

부모는 사실 아이의 눈빛만 보아도 많은 것을 알 수 있다. 아이의 손가락 방향만 보아도 바나나를 먹고 싶은지, 우유를 마시고 싶은지 알 수 있고, 냉장고 앞에 서 있는 것만 보아도 목이 마른지, 배가 고픈지 안다. 그런데 이런 부모의 능력이 아이의 성장에 방해가 될 때가 있다.

아이의 말이 늦는 경우, 부모가 너무 많은 것을 알아서 해주는 경우가 많다. 모든 것을 다 알아서 해주는 부모 때문에 아이가 말할 필요를 느끼지 못하기 때문이다. 습관이 되기 시작하면, 그냥 손가락을 뻗어 "어어" 하고 간단한 소리를 내는 것이 아이에게는 더 편하다. 힘들여 말하지 않아도 모든 것을 다 알아서 해주는데, 굳이 단어를 생각하고 그것을 말하는 과정 자체가 무의미하게 느껴지기 때문이다. 그렇게 표현하는 것이 습관이 되어버리면 아이는 모든 상황에서 그런 식으로 의사소통하게 될 수도 있다.

조금 힘들더라도, 아이들에게 말로 해야 원하는 것을 얻을 수 있다는 단호한 태도를 보일 필요가 있다. 처음에는 익숙하지 않아 아이들이 고집을 피우거나 떼를 부리는 경우가 종종 발생한다. 하지만 부모가 일관된 태도를 보이면, 아이는 '내가 원하는 것을 말해야 엄마가 들어주는구나', '먹고 싶은 것이 무엇인지 말해야 하는구나' 하고 느끼게 된다. 그러면 처음부터 "우유"라고 정확하게 발음하지는 못하더라도 손가락으로만 가리키거나 무의미한 발성만 하던 아이도 어느새 "우~"라는 조금은 유의미한 형태의 발음을 하게 된다. 그리고 조금 더 시간이 지나면 "우유"와 같이 정확한 단어로 원하는 것을 이야기하는 상황이 올 것이다.

발음이 부정확한 아이들에게도 마찬가지 방법을 쓸 수 있다. 아이가 처음 듣는 사람은 도저히 알아들을 수 없게 발음하더라도 엄마는 다 알아듣고 대답해줄 수 있다. 그러나 이때에도 "뭐라고?", "무슨 말인지 잘 모르겠어" 하는 반응을 보이면 아이는 엄마가 알아들을 수 있게 다시 한 번 또박또박 말해주려고 한다. 부모와 소통하는 것은 아이들의 기본적인 욕구에 가깝다. 아이는 누구보다 자신의 말이 부모에게 받아들여지지 않는 것을 가장 속상해하기 때문이다.

또, 어떤 부모는 아이의 요구에 즉각적으로 반응해주어야 한다는 생각으로 아이가 원하는 것을 바로바로 해줘버린다. 물론 아이에 대한 빠르고 즉각적인 반응은 반드시 필요하다. 하지만 아이가 해야 할 것까지 부모가 모두 다 해주어선 안 된다. 아이들에게는 말할 기회와 시간이 필요하다. 어느 정도의 언어 수준이 되기 전까지 아이는 단어를 떠올리거나 생각하는 것이 바로바로 되지 않다. 또 의사소통의 경험도 많지 않아 어떻게 대화를 주고받는 것이 좋은지도 배워나가야 한다. 그래서 아이들에게 가장 필요한 것은 '시간'이다.

아주 위험하거나 시급한 상황이 아니라면, 아이의 반응 시간을 기다려주는 것이 좋다. 더운 날씨에 밖에서 놀다 들어온 아이를 가만히 지켜보니 아이가 두리번거리며 냉장고 앞에 서 있는 것이 목이 마른 눈치다. "목말라? 물 줄까?" 하고 냉장고에서 물을 꺼내주고 싶은 것이 엄마의 본성이겠지만 아이에게 말할 기회를 주고 조금 더 기다려주는 것이다. 아직 어휘력이 부족한 아이라면 "물" 혹은 "물 주세요"라고 말할 수 있도록 옆에서 도와주고, 컵에 물을 따르는 것을 보여준 후 눈앞에서 물을 보여주면서 아이가 "물"이라고 말할 수 있도록 기회를 준다. 처음에는 시간이 많이 필요할 수 있지만 상황과 맥락을 이해하게 되면서 아이가 표현하는 데 걸리는 시간이 점점 줄어들게 될 것이다.

그렇다고 해서 "물이라고 말해", "물 주세요, 라고 말해야지"와 같이

다그치는 태도는 금물이다. 아이들의 언어 학습은 자연스러운 것이지만, 어느 정도 기반이 쌓이기 전까지는 천천히 이루어진다. 따라서 지속적이고 일관되게 반복하는 부모의 태도가 무엇보다 필요하다.

아직 간단한 말도 잘 하지 못하는 아이인 경우에는 두세 가지 중 하나를 선택하게 하는 방법이 좋은 언어 자극이 될 수 있다. "뭐 마시고 싶어?"라는 질문에 잘 대답하지 못하는 아이라면, 우유와 주스를 앞에 두고 "우유 먹고 싶어? 주스 먹고 싶어?"와 같이 물어보는 것이 효율적일 수 있다. 이런 선택형 질문에는 대답도 포함되어 있기 때문에 아이가 대답하기에 수월하다. 아이가 손가락으로 우유를 가리켰다면 "우유 주세요"와 같이 모델링을 해준다. 혹은 아이가 "우유"라고 말했다면 바로 우유를 줄 수 있다.

놀이시간에도 "뭐가 마음에 들어? 뭐 가지고 놀까?" 하는 상황에 대한 질문에 아이가 막막해한다면 "기차가 좋아? 자동차가 좋아?"와 같은 방법으로 물어볼 수 있다. 아이가 둘 다 싫은 상황이 생길 수도 있는데, 그러면 아이가 고개를 젓거나 "아니야"라고 말할 수 있다. 그러면 다른 것을 제시하거나 원하는 것을 직접 골라오게 할 수 있다. 아이가 인형을 가지고 왔다면 "아, 인형이 좋아?" 하고 그 물건이 인형이라는 것을 다시 한 번 알려주어야 한다.

좀 더 어린 아이라면, 실제로 우유와 주스, 기차와 자동차를 앞에 놓고 시각적으로 보여주는 것도 방법이다. 두 가지 중에서 고르게 하는 것이 가장 쉽고, 그것이 잘 된다면 3가지, 4가지 이렇게 보기를 늘려갈 수 있다. 아이들은 실제 사물이나 그림이 눈앞에 있으면 좀 더 쉽게 생각한다. 이러한 선택형 질문이 어느 정도 잘 되면 단서가 없는 "뭐 먹을 거야?", "뭐 가지고 놀 거야?"와 같은 질문에도 대답할 수 있다. 이 때도 처음에는 아이의 반응을 충분히 기다릴 수 있는 시간과 여유가 필요하다.

　아이는 모든 감각을 통해서 언어를 받아들이고 이해하고 표현한다. 자동차를 '빵빵'이라고 말하기까지 정말 많은 버스와 자동차가 내는 소리를 듣고 엄마가 자동차 장난감을 "빵빵"이라고 한 소리를 수없이 들었다. 말하지 않아도 아이에 관해서는 모든 것을 다 아는 것이 부모지만, 아이를 위해서 기다림의 시간과 여유를 가져야 한다. 기회를 주는 과정과 패턴에 익숙해지면 아이와의 신경전도 조금은 줄어들 수 있다. 아이가 성장할 때까지 그 시간을 견디며 기다리는 것도 부모의 역할이다.

언어 자극은 즐겁고
재미있어야 한다

　엄마와의 대화는 아이에게 의사소통의 의미를 가르치고, 이러한 의사소통은 언어를 배우는 기초를 마련해준다. 그기 위해서는 꾸준한 자극이 필요한데, 언어 자극이 잘 이루어지려면 아이의 관심과 호기심, 집중 과정이 있어야 한다. 언어 자극은 즐겁고 재미있어야 하므로 아이가 피곤하거나 졸린 시간을 피해 좋아하는 매개체를 통해 짧고 재미있게 진행되어야 한다. 매일매일 꾸준한 시간, 엄마와 함께할 수 있는 일정한 시간이면 충분하다. 아이가 자동차를 좋아하면 자동차를 활용하고, 뽀로로를 좋아하면 뽀로로를 이용할 수 있다.

　예를 들어 뽀로로 인형을 가지고 노는 경우, 뽀로로의 하루를 시간 순서별로 만들어보기도 하고, 의자에 앉히거나 침대에 눕히면서 간단한 동사를 활용하게 유도한다. 뽀로로 책을 읽으며 순서대로 이야기를 배치해보기도 하고, 책 속의 인물 이름과 사물 이름을 찾아보기도 한다. 또는 뽀로로의 기분을 상상해보며 대화를 나눌 수 있다. 뽀로로 노래를 불러보며 발음 연습을 할 수도 있다.

처음부터 완벽한 문장을 구사하는 아이는 없다. 아이가 이미 알고 있는 단어와 문장을 이용해서 배우고 알아야 하는 단어나 문장으로 점차적으로 나아가야 한다. 소통하는 단어는 아이 수준에 맞거나 조금 쉬워도 괜찮지만, 아이에게 의도적으로 보여주는 형태의 단어는 '+1' 수준이 가장 적합하다. 단어 수준으로 말하는 아이들은 4~5어절 문장을 이해하고 말하기는 어려워도 짧은 2어절은 금방 자연스럽게 받아들인다. 따라서 단어 수준으로 말하는 아이는 2어절 문장 수준으로, 2어절 문장으로 말하는 아이는 3어절 문장 수준으로 들려주는 것이다.

'밥'이라는 단어를 잘 말하는 아이라면 "엄마 밥", "밥 주세요"와 같이 2어절을 금방 말할 수 있다. "유치원 가요"를 말할 수 있다면 "오늘 유치원 가요", "엄마와 유치원 가요", "가방 들고 유치원 가요"로 문장을 확장할 수 있다.

그러려면 아이의 언어 수준이 어느 정도인지 정확히 파악해야 한다. 아이의 나이가 아닌 언어 나이를 파악하는 것이다. 아이의 언어 나이에 따라 어휘를 사용하는 정도나 표현의 질이 달라질 뿐 아니라 관심 있는 대상도 달라지므로 아이의 언어 나이에 맞는 문장이나 목표 어휘를 선택하는 것이 좋다.

그리고 아이가 보여주는 표현이나 반응에 아낌없는 칭찬을 해주어야 한다. 혹시 조금 틀리고 잘못되었더라도 아이가 하는 표현에 반응을 보여주는 것은 아이에게 다음에 다시 시도할 기회와 자신감을 제공한다. 적극적인 부모의 반응은 아이에게 최고의 언어 촉진제이다. 칭찬에 인색한 부모에게서 자란 아이가 표현이 다양한 아이로 자라나는 것은 거의 불가능하다. 언어 발달을 촉진하는 부모의 적절한 상호작용은 언어능력의 성장과 함께 아이에게 정서적 안정감을 준다.

아이가 무언가 잘해냈을 때는 칭찬과 격려를 꼭 해줄 필요가 있는데, 말로 하는 칭찬도 좋은 보상이지만 품에 꼭 안아준다거나 아이가 흥미있어하는 놀이를 하게 해주는 것과 같은 정서적인 보상도 좋다. 즉각적으로 원하는 무엇을 사주는 보상보다는 아이와 의논해 스티커를 모으게 하고 그것을 다 모았을 때 아이가 원하는 적절한 선물을 고르게 하는 것도 좋다.

부모가 원하는 대로 아이가 잘 따라오면 좋겠지만, 대부분 아이들은 처음에는 과제를 바로바로 수행하지 못하는 것이 일반적이다. 같은 언어적 과제를 수행했을 때 한두 번이면 되는 아이도 있지만 여러 번 반복해도 잘되지 않는 아이도 있다. 아이의 집중도와 특성에 따라 개인차가 분명히 존재하기 때문이다.

따라서 일상생활에서 매일 반복적이고 지속적으로 언어 자극을 주어야 한다. 지겹도록 똑같은 상황이 생기더라도 반복해야 한다. 처음에는 듣기만 하고 반응이 없을 수 있지만, 그것이 모방이 되고 쌓이면 자발화가 되기 때문이다. 이때 조급한 마음에 다른 아이들과 비교해서는 안 된다. '남이 아닌 어제의 아이와 비교하는 것이 더 낫다'는 것을 명심하고, 아이가 분명히 조금씩 좋아지고 있다고 믿으면서 지지하고 격려해주어야 한다.

대화 기술은 언어 발달과 함께 이루어지기도 하지만, 부모와의 의사소통에 의해 촉진된다. 부모와의 1차적인 소통도 제대로 이루어지지 않은 아이에게 외부와의 적절한 의사소통이 이루어지기를 기대하기는 어렵다. 따라서 아이의 특성을 정확하게 알고 이해하는 부모가 아이와 다양한 의사소통을 연습해보면서 다른 사람들과도 대화가 이루어질 수 있도록 도움을 주는 것이 좋다.

더 나아가 가족 모두가 아이의 언어 발달에 도움을 줄 수 있다. 아이가 생활하는 일상생활에서 엄마뿐만 아니라 아빠, 할아버지, 할머니의 일관된 태도가 필요하다. 부모가 맞벌이를 해서 베이비시터 같은 또 다른 양육자가 있다면 그분도 동참해야 한다. 예를 들어 엄마는 아이의 언어 발달을 촉진하기 위해서 말하기 전에는 아무것도 해주지 않는다는 원칙을 가지고 있는데 아빠는 아이가 말도 하기 전에 모든 것을 수용해주고 받아준다면 아이의 언어 발달은 정체될 수밖에 없다. 그러면 엄마만 힘들어질 수밖에 없다.

가족이 모두 일관된 태도로 아이의 언어 성장을 위해 노력해야 시간이 단축되고 더욱 효과적으로 접근할 수 있다. 아이를 위해 정성과 마음을 모아 노력한다면, 아이의 언어능력 발달은 좀 더 빠르고 수월하게 이루어질 것이다.

★★★ 2부 ★★★

0~7세, 꼭 알아야 하는
연령별 언어능력

1장

우리 아이 언어능력,
어디까지 왔나요

시기별로 나타나는 아이의 언어 발달에 대해 알아보자. 부모가 우리 아이 언어 시기에 나타나는 발달 상태를 정확하게 아는 것은 매우 중요하다. 아이가 4살인데 모든 단어를 '엄마'라고만 한다면, 6살인데 '엄마가 밥과 반찬을 만들어주셨어요' 정도의 문장을 말하지 못한다면 혹시 우리 아이에게 문제가 있나 하고 생각하게 될 것이다.

그러나 꼭 그 시기에 이러한 행동들, 혹은 언어들이 나타나는 건 아니다. 그 전에 입을 꾹 다물고 아무 소리도 내지 않다가 12개월이 되면 마법처럼 엄마를 쳐다보고 바로 '엄마'라고 하는 건 아니라는 것이다. 아이가 앉고 서고 걷는 시기가 모두 다르듯이 첫 단어를 이야기하는 시기가 조금 빠른 아이도, 조금 느린 아이도 있다.

하지만 앞 시기의 언어발달을 건너뛰는 아이는 없다. 옹알이 과정 없이 말을 하는 아이가 없고 단어도 잘 말 못하는 아이가 자신의 경험을 긴 문장으로 말할 수는 없다. 첫 단어가 나오는 시기가 늦더라도 옹알이 시기가 충분했고 엄마와의 기본적인 눈 맞춤이 잘 이루어졌다면, 그다음 시기는 빨리 진행되기도 한다.

이 챕터에서는 우리 아이의 언어가 연령 수준에 맞게 잘 발달하고 있는지 확인할 수 있다. 절대적으로 그 시기에 아이가 그러한 언어 발달을 해야 한다고 확정 짓기보다 이 챕터를 읽으며 '이 시기에는 이런 형태로 언어 발달이 이루어지는구나' 하고 생각해보는 기회로 삼길 바란다.

 0~6개월 우리 아이 언어발달 체크리스트

	예	아니오

★ 소리가 들려오는 쪽을 바라본다. ☐ ☐

★ 아이가 울고 있을 때 말을 걸면 잠시 울음을 멈춘다. ☐ ☐

★ 친숙한 사람의 음성을 들으면 표정이나 몸짓으로 반응한다. ☐ ☐

★ 초인종 소리, 전자레인지 소리 등 주변 소리에 반응을 보인다. ☐ ☐

★ 입술 떠는 소리(투레질)를 낸다. ☐ ☐

★ 모음 위주의 옹알이를 한다. ☐ ☐

★ 자신의 기분을 표현하는 소리가 있다. ☐ ☐
  (장난감을 뺏으면 짜증이 섞인 소리를 낸다.)

★ 눈을 마주치면 웃거나 기분 좋은 소리를 낸다. ☐ ☐

★ 모음 두 개(우아, 아이 등)가 이어지는 옹알이가 시작된다. ☐ ☐

★ 때때로 'ㅂ, ㅃ, ㅍ, ㅁ'가 들어간 소리를 낸다. ☐ ☐

소리를 낼 수 있어요
: 0~6개월

이 시기의 아기들은 먹고 자고 울고 하는 것이 일상이다. 아기들은 출생과 동시에 울음으로 자신의 존재를 알린다. 기분이 좋으면 엄마를 향해 소리 내어 웃거나 다양한 소리를 내기도 하고, 배고픔이나 배변으로 불편하거나 기분이 좋지 않으면 짜증 섞인 목소리를 내거나 울음을 터뜨린다.

이 시기의 아기들은 부모를 쳐다보고 방긋방긋 웃기도 하고 눈을 맞추며 무언가 이야기를 하는 듯 긴소리를 내기 시작한다. 목을 가누는 시기가 되면 이리저리 목을 돌려 소리가 나는 방향을 찾는다. 즐겁고 행복한 목소리나 표정, 화내거나 짜증 내는 목소리나 표정에 따라 아기의 반응도 달라진다.

보통 생후 2~3개월경 아기의 목에서는 비둘기 소리 같은 목 울리는 소리가 나기 시작하는데, 이것을 '쿠잉Cooing'이라고 한다. 이 소리는 목 뒤에서 나오는 ㄱ이나 ㅋ소리를 길게 발성하는 것처럼 들린다. 아기가 이런 소리를 낼 즈음 되면 자기 목소리를 가지고 노는 것 같은 느낌을 받게 된다. 이렇게 목 울리는 단계는 몇 달간 계속되며 모음 형태가 섞인 다양한 발성 형태로 발전하는 양상을 보인다.

때때로 어르신들이 '우리 아기가 투레질하는 걸 보니 비가 올 모양이네'고 말하는 소리, 즉 입술을 떨면서 '부르르르' 하는 소리를 내기도 한다. 이것은 아기가 아랫입술과 윗입술을 부딪치며 입술을 떠는 듯한 소리를 내는 것이다. 언어적으로 보자면 아이가 투레질을 통해서 입술을 움직여 소리를 내는 방법을 연습하는 것으로도 볼 수 있다.

이렇게 입술을 움직여 소리를 내보는 것은 말을 만들어내는 과정에서 매우 중요한데, 말을 만들어내는 기관 즉 발음기관 중에서 입술이 차지하는 비중이 크기 때문이다. 우리는 입술을 벌리고 닫으며 말을 하게 되고, 입술을 붙였다가 떼는 것만으로도 ㅁ, ㅂ 등을 만들어내게 된다. 이렇게 입술로 노는 과정을 통해서 아이들은 말을 하기 위한 준비를 서서히 시작한다.

아기들은 무슨 의미인지 알 수 없는 소리를 내며 옹알이를 시작한다. 간혹 아주 오랫동안 큰 소리로 열심히 중얼거리는 때도 있다. 때로 부모들이 '엄마'를 했다는 둥 '아빠'를 했다는 둥 하면서 아기가 말을 했다며 착각하는 것도 이 때문이다. 이런 우연은 부모에게 작은 기쁨을 제공하기도 한다.

아기들이 행복감을 느끼거나 만족할 때 내는 소리는 마치 긴 모음소리를 내는 것처럼 들린다. 옹알이도 점점 자음과 모음을 합친 형태로 발전한다. 어떤 경우에는 옹알이의 크기와 높이, 속도 등을 조절하면서 다양한 소리를 낸다. 이 시기의 아이는 마치 자신의 소리를 가지고 노는 것처럼 보인다. 반복적인 자음 형태의 옹알이도 나타나기 시작하는데, '마마마마', '바바바바'와 같은 소리들이다.

4개월이 넘어가면, 아기들은 자신의 소리, 눈 맞춤, 몸짓 등이 다른 사람의 행동에 영향을 미칠 수 있다는 것을 조금씩 알게 된다. 이 시기가 되면 아기가 낸 소리를 엄마가 따라 하고 다시 아기가 따라 하는 반응 형태가 나타난다. 부모와의 눈맞춤이 시작되고 원하는 장난감을 보여주면 소리 내어 웃기도 한다. 이렇게 옹알이를 하는 아이를 보며 부모는 조금씩 교감의 즐거움을 느끼게 된다. 아이와 부모 간 소통의 첫 단추가 끼워지는 셈이다.

이런 점에서 2002년 프랑스의 심리학자 램버르츠 박사의 실험은 우리에게 여러 시사점을 안겨준다. 그는 생후 3개월이 된 아기들이 자고 있을 때와 깨어 있을 때를 구분해서 아이가 정상적인 언어 표현을 들었을 때와 그렇지 않은 언어 표현을 들었을 때 각각 뇌의 어느 영역이 활성화되는지 fMRI(기능적자기공명영상장치)로 촬영했다. 그 결과 아기가 말을 들을 때 어른들과 마찬가지로 언어를 구사하는 영역인 두뇌의 측두엽 일부를 포함한 좌반구 부분이 활성화된다는 것을 밝혀냈다.

이 실험 결과, 말문이 터지기도 전인 아주 어린 연령일 때부터 아기의 두뇌는 이미 여러 영역으로 분화되어 있고 언어 영역을 담당하는 좌반구가 활성화됨을 알 수 있었다. 태어난 지 백 일도 안 된 아기들의 뇌도 이미 언어를 받아들이고 말할 수 있는 준비가 어느 정도 끝나 있다고 보아야 될 것이다.

　따라서 이 시기에는 아기와 부모의 눈 맞춤과 커뮤니케이션이 매우 중요하다. 엄마의 수다스러움만으로도 아기 뇌의 언어영역은 충분히 자극받지만, 다른 감각들을 자극해주는 것도 매우 효과적인 매개체가 된다. 이 시기의 아기들은 오감을 통해서 모든 자극을 받아들이고 활동 반경을 넓혀가기 때문이다.

　배변 후 축축해진 기저귀가 불편해진 아이가 울면 엄마는 "쉬해서 기저귀가 젖어서 불편했구나. 엄마가 기저귀를 갈아줄게. 이제 보송보송하지?"라고 말하며 젖은 기저귀를 새 기저귀로 갈아준다. 그러면 아기는 부드러운 엄마 목소리와 함께 젖은 느낌의 불편함과 새 기저귀의 마른 느낌을 촉각적으로 느끼게 된다. 그리고 엄마들은 기저귀를 다 간 후에는 '쭉쭉쭉쭉' 소리를 내거나 노래를 부르는 등 다양한 목소리를 내면서 아기의 다리를 죽죽 잡아당기며 눌러준다. 이렇게 엄마의 목소리와 자극을 통해서 아기는 엄마의 '쭉쭉이'를 이해하게 된다. 그리고 엄마의 목소리에서 편안함을 느끼고 돌보아주는 손길에 만족감을 느낀다. 결국, 아기는 소리뿐만 아니라 엄마의 다양한 활동을 통해서 감각적으로 여러 가지 상황을 받아들이는 것이다.

　이 시기의 아기들은 언어뿐만 아니라 다양한 감각 자극을 통해서 초보적인 언어 활동을 받아들이게 되며 말을 주고받기 위한 준비를 한다. 그리고 소리를 주고받기 시작하면서 커뮤니케이션의 가장 기본이라고 할 수 있는 대화의 기술도 배우기 시작한다. 이 시기에 적절하게 이루어진 상호 소통과 정서적 안정감은 이후 아이의 언어 발달에 매우 중요한 기반이 된다.

7~12개월 우리 아이 언어발달 체크리스트

	예	아니오

★ '엄마', '맘마' 등의 익숙한 낱말을 들을 때 관심을 보인다. ☐ ☐

★ '안 돼'라고 말하면 하던 행동을 멈춘다. ☐ ☐

★ '이리 와'나 '빠이빠이'하면 적절한 행동으로 반응한다. ☐ ☐

★ 잼잼, 도리도리 등 관습적으로 따라 하는 행동이 있다. ☐ ☐

★ 음악을 들으면 적절한 몸짓이나 손동작으로 반응한다. ☐ ☐

★ 제스처를 하면서 간단한 말로 요구하는 동사 ☐ ☐
(주세요, 이리와, 어부바 등)를 이해한다.

★ 목이나 입술에서 나는 다양한 소리를 즐기며 논다. ☐ ☐

★ 모음과 자음을 결합하여 서로 다른 2음절 이상의 옹알이를 한다. ☐ ☐

★ 낱말처럼 들리는 음절을 사용한 옹알이를 한다. ☐ ☐

★ 몇 가지 몸짓언어를 사용한다. ☐ ☐
(인사하기, 고개 젓기, 손가락으로 가리키기)

성인의 목소리와 억양을 흉내낼 수 있어요
: 7~12개월

6개월 정도가 되면 아기의 옹알이는 꽤 성인의 말과 비슷해진다. 물론 발음이 정확하다는 것이 아니라 옹알이의 억양이나 패턴이 성인의 말과 비슷해진다는 것이다. 그래서 아이의 옹알이를 듣다 보면, "벌써 말하는 것 같다"며 기특하고 신기한 생각이 든다. 그만큼 아이의 옹알이가 말 이전 단계까지 성장했다고 볼 수 있다.

이 시기의 아기들은 자신의 목소리로 성인의 주의를 끌 수 있다는 것을 알게 된다. 그래서 아기와 부모는 서로 쳐다보며 눈길이나 몸짓, 손짓을 주고받으며 마치 대화하듯 의사소통할 수 있게 된다. 8~11개월이 되면 아기들은 자신이 보내는 신호가 타인에게 영향을 미쳐서 어떠한 변화가 이루어질 수 있다는 것을 이해하게 된다. 그래서 이 시기를 '목표지향적 의사소통행동 단계'라고 설명하기도 한다. 아기가 어떤 목표를 가지고 의사소통을 시도할 수 있는 시기인 것이다.

이 시기에는 부모와의 상호작용이 더욱 다양하게 나타나며 몸짓이나 자음, 모음을 섞은 혼합적인 형태의 옹알이가 나타난다. 옹알이의 패턴이 좀 더 복잡해지고 소리도 다양해진다. 때때로 어른의 말을 모방하는 반향어 형태의 소리를 내기도 한다. 부모가 아기에게 말을 하면 아기가 어른의 말을 흉내 내면서 옹알이를 하게 되는데, 이 소리가 제법 말하는 것처럼 들리는 것이다. 또한, 목소리가 커져서 아이의 옹알이 때문에 깜짝깜짝 놀라게 되고, 노래 부르듯이 들리는 억양 때문에 옹알이 속에서 아이의 감정도 조금씩 이해하게 된다.

엄마라면 이러한 옹알이를 듣고 대화하는 일이 어렵지 않게 느껴진다. 예를 들어 엄마가 "우리 아기 오늘 기분이 어때?" 하고 물었을 때 기분이 좋은 상태의 아이가 "옹아옹아 아으아으~" 형식의 부드러운 옹알이를 하면 엄마는 "아, 우리 아기도 오늘 기분이 좋구나. 엄마도 그래." 하면서 자연스럽게 대화를 이어간다. 이렇듯 이 시기에는 대화처럼 느껴지는 상호 의사소통이 가능하다.

주고받기 형태의 대화가 중요한 이유는 의사소통을 할 때는 서로 말하는 순서와 차례가 있는데 이 과정이 자연스럽게 이루어져야 하기 때문이다. 그런데 만약 자신의 순서가 아닌데 대화에 끼어들거나 상대방의 말은 듣지 않고 일방적으로 말한다면 제대로 이야기를 나눌 수 있을까? 어른 혹은 학령기 아이들이 이러한 대화의 규칙을 제대로 수용하지 못한다면 동료나 또래들 간의 대화에서 소외되거나 배제되기도 한다. 따라서 어린 시절부터 부모와 이루어지는 이러한 주고받기 놀이는 나중에 말을 하는 나이가 되고 또래 관계에 관심이 생겨 대화를 나누는 시기가 되었을 때 자연스러운 대화를 이어가는 기본 토대가 된다는 면에서 중요하다.

이 시기 아기들의 중요한 특징은 상대방 표정을 모방할 수 있다는 것이다. 아기의 뇌에는 상대방의 표정이나 행동을 보고 모방하는 거울신경Mirror Neuron이 있다. 엄마가 웃는 표정을 하면 아기도 따라 웃고 엄마가 메롱 하고 혀를 내밀면 아기도 따라서 혀를 내밀어 메롱을 한다. 생후 1년도 안 된 아기가 얼굴 근육을 움직여서 어른들의 표정을 따라 할 수 있다니 아기들의 능력이 정말 신기하다.

더 나아가 아기들은 간단한 언어적 활동을 할 수 있다. 곤지곤지, 짝짜꿍, 빠이빠이와 같은 간단한 말만 듣고도 아이는 손을 흔들거나 몸을 움직여 정해진 행동을 수행할 수 있다. 말도 잘 못하는 아기가 출근하는 아빠에게 '빠빠이' 하고 인사하는 모습은 너무도 인상적이다. 엄마가 "빠이빠이"라고 하자 손을 흔들며 인사하는 시늉을 한다면 이 아기는 이제 "빠이빠이"라는 단어가 어떤 것인지 이해하고 인지한 것이다.

그리고 이때쯤에는 행동들을 모방하기 시작하는데, 핸드폰을 들고 전화하는 시늉을 하거나 청소기로 청소하는 흉내를 내거나 그림책을 소리 내어 읽는 흉내를 낸다. 아이의 운동 근육이 그만큼 발달하지 못해서 조금은 서툴러 보이지만 꼬마 어른의 모습처럼 보인다. "안 돼"라는 금지어를 했을 때 멈추는 빈도가 76%에 이를 정도로 금지에 해당하는 언어적인 지시를 이해한다. 금지하는 말이나 억양을 통해 상황을 알아채고 지시를 따를 수 있다는 것은 어떤 돌발 상황이나 위험 상황에서 언어적 지시만으로도 멈출 수 있다는 뜻이기도 하다.

자신의 이름에 반응하기 시작하는 시기도 이때이다. 이름을 부르면 엄마를 쳐다보거나 웃는다. 거울 속 자신의 얼굴을 보고 좋아하며 거울 속 자신에게 말이라도 걸듯이 중얼거리고 얼굴을 쓰다듬기도 하고 만지려고 손을 뻗기도 한다. 혹은 거울에 같이 비친 또래나 부모를 보면서 좋아하고 아이 자신과 엄마를 번갈아 쳐다보며 웃기도 한다.

빠른 아이들은 돌이 되기 전에 첫 단어를 시작한다. 한 단어를 의미 있게 표현하기 시작했다면 이미 알고 있는 단어가 그보다 훨씬 많을 확률이 높다. 즉 '엄마, 아빠, 맘마' 정도의 말을 할 줄 아는 아이라면 이미 그보다 훨씬 더 많은 말을 알고 있다고 보아야 할 것이다. 아기의 언어가 성장하기까지 아기는 부모로부터 무수히 많은 말을 들어왔고, 그에 알맞은 언어적, 감각적 자극이 이루어졌다.

이 시기 아이의 언어능력을 촉진할 수 있는 가장 좋은 방법은 생활 속에서 부모가 일상활동이나 놀이 상황을 통해 다양한 언어를 자연스럽게 들려주는 것이다. 부모의 목소리를 자주 들려주고, 아이의 반응을 유도하면서 모방이나 음성놀이를 통한 주고받기 놀이를 할 수 있다.

그렇다고 특별한 방법을 찾을 필요는 없다. 언어 자극 활동은 아이와 먹고 자고 목욕하고 노는 가장 일상적인 활동에서 이루어지기 때문이다. 아기가 본격적으로 앉고 서고 기고 걷는 과정을 거치는 때이다 보니 다칠까 넘어질까 아기를 쫓아다니느라 어느 때보다 힘든 시기일 테지만, 이제 아이의 말이 시작될 날이 얼마 남지 않았다.

😊😊 13~18개월 우리 아이 언어발달 체크리스트

	예	아니오

★ 다른 사람의 행동을 모방한다(책 보기, 설거지하기 등) ☐ ☐

★ 'OO 어디 있니?'라고 물으면 물건을 찾으려고 두리번거린다. ☐ ☐

★ 말로만 하는 간단한 지시('넣어', '앉아', '빼' 등)에 따라 행동할 수 있다. ☐ ☐

★ 상대방이 다른 사람에게 말할 때와 자신에게
　말할 때를 구분하여 반응한다. ☐ ☐

★ 가까이에 있는 친숙한 일상 사물을 가지고 올 수 있다. ☐ ☐

★ 얼굴 부분의 이름을 듣고 자신의 얼굴에서 지적할 수 있다. ☐ ☐

★ 익숙한 사물과 관련된 간단한 지시를 수행할 수 있다. ☐ ☐

★ 이름을 부르면 대답하는 것 같은 소리를 내거나 행동을 한다. ☐ ☐

★ 어떤 일이 자기 뜻대로 되지 않을 때 행동이나
　말로 도움을 청할 수 있다. ☐ ☐

★ 제스처(고개 젓기) 또는 낱말('아니야', '싫어' 등)을 사용하여 표현한다. ☐ ☐

★ 도움을 청할 때 큰소리로 엄마나 가족을 부를 수 있다. ☐ ☐

★ 새로운 낱말 모방을 시도한다. ☐ ☐

★ '없다'의 의미를 이해한다. ☐ ☐

★ 말하는 억양이 문장처럼 들린다. ☐ ☐

★ 노는 동안 다양한 의성어를 사용한다. ☐ ☐

몸짓과 소리를 함께 사용해서 말해요
: 13~18개월

　언어 자극을 주겠다는 일념으로 말도 잘 못하는 아기를 붙들고 혼자서 떠들다 보면, 엄마들끼리 "이제 사람과 대화하고 싶다"고 푸념처럼 우스갯소리를 하곤 한다. 그러나 이제 첫돌이 넘어가면서 아이는 드디어 본격적인 낱말을 말하기 시작한다.

　이 시기에 이해하는 단어는 가족의 명칭(엄마, 아빠, 할머니 등)과 신체 부위(눈, 코, 입, 발 등), 음식에 관한 단어(맘마, 우유, 까까, 물 등), 동물(멍멍, 야옹, 음머 등) 등 평소에 자주 접하는 것들이다. 이렇듯 아이는 일상적이고 자주 접하는 어휘 중에서 가장 익숙하고 뜻을 잘 아는 낱말부터 말하기 시작한다.

　첫 낱말이 표현된 이후에는 아이가 말하는 어휘가 증가하기 시작한다. 아이에 따라 차이는 있지만, 생후 15~18개월 정도 되면 말할 수 있는 어휘가 3~10개 혹은 그 이상 되기도 한다. 아이들은 사물의 이름을 알기 위해서 노력하며, 이해하는 어휘가 급격하게 늘어난다.

이 시기의 아이들은 아직 문장으로 말하지 못하고 한 단어를 사용해서 표현하므로 그 단어를 상황적인 맥락에서 파악하게 되는 경우가 많다. 예를 들어 아이가 "바나나"를 말했다면 그것은 바나나를 먹고 싶다는 뜻일 수도 있지만, 엄마 옷에 그려진 바나나 그림을 보고 말하는 것일 수도 있다. 그리고 원숭이가 먹고 있는 바나나를 보고 이야기하는 것일 수도 있다. 부모는 단어만 듣고 아이가 어떤 의미로 말하는 것인지 추정해서 반응해야 한다.

이러한 언어적 의미 연결과 관련해서 이 시기 아이들에게 나타나는 재미있는 오류 현상이 있다. 바로 '과잉확장'과 '과소확장'이다. 아이가 눈앞에 나타난 모든 남자를 보고 "아빠"라고 부르거나 모든 여자를 보고 "엄마"라고 말하는 경우를 자주 보았을 것이다. 혹은 빨갛고 동그란 모양의 과일인 사과를 보고 '사과'라는 말을 배운 아이는 비슷한 형태의 과일을 보면 모두 "사과"라고 말한다. 이처럼 비슷한 속성을 가진 모든 사물을 하나의 이름으로 부르는 것을 과잉확장이라고 한다.

이와 반대로 자신의 동생만을 "아가"라고 하거나 자신이 가진 얼룩덜룩한 무늬가 있는 장난감 공만을 "공"이라고 말하고, 다른 어린 동생이나 축구공 등은 "아가"나 "공"으로 부르지 않는 경우가 있다. 이것을 과소확장이라고 하는데, 자신을 중심으로 해서 아주 짧은 범주만이 그 단어라고 생각하는 것이다.

이러한 과잉확장이나 과소확장은 단어를 배우는 과정에서 아직 머릿속에 개념이 정확하게 잡히지 않았기 때문에 발생하는 현상으로 생후 1년~2년 6개월 사이에 주로 나타났다가 시간이 지나면 점점 줄어들게 된다.

그리고 다양한 사과가 있다는 것을 알게 되는 시기도 곧 다가온다. 이 시기 아이들에게 사과는 빨간 것이다. 그래서 초록색 사과를 가져다주면 "사과 아니야" 하고 말한다. 하지만 우리는 사과가 빨간색도 있지만 초록색도 있고, 단단한 것도 있지만 벌레 먹은 것도 있으며, 껍질이 붙어 있는 둥근 형태도 있지만 껍질을 벗겨서 자른 하얀 부분도 있다는 것을 알고 있다. 이러한 모든 것이 사과임을 알게 되려면 좀 더 다양한 경험과 이에 따른 언어적 자극이 있어야 한다.

또, 이 시기에는 자신과 친밀한 사람이나 사물을 어느 정도 잘 알고 있어서 "아빠 어디 있어?", "나무 어디 있어?"와 같은 질문에 손가락으로 물건을 가리키거나 아빠나 나무 쪽으로 시선을 돌릴 수 있게 된다. 간단한 질문이나 자신의 이름이 불릴 때 "네"라는 말로 대답도 할 수 있다.

발음은 아직 정확하지 못해서 '물'을 '무'라고 하거나 '할아버지'를 '하비'라고 하는 것도 이 시기의 특징이다. 이 시기 아이들은 낱말의 첫소리와 받침에 있는 자음을 생략해서 말하기도 한다. 말소리를 만들어내는 기관 즉 입술과 혀 같은 발음기관의 움직임이 아직 제대로 완성되지 못했기 때문이다.

아이가 그렇게 발음했을 때 틀렸다고 예민하게 반응하거나 그냥 내버려두기보다는 정확한 발음으로 다시 한 번 들려주는 것이 좋다. 아

아이의 언어능력

이가 딸기를 가리키며 "따기"라고 했다면 "다시 말해봐, 딸기"라고 하기보다는 "우리 아기가 딸기 먹고 싶었구나" 하면서 자연스럽게 "딸기"의 맞는 발음을 들려주는 것만으로도 충분하다. 이렇게 다시 이야기해주는 과정을 통해 아이에게 언어적 의도를 충분히 이해했다는 반응도 줄 수 있어서 앞으로 아이가 더욱 적극적으로 요구하도록 촉진할 수 있다.

18개월이면 공감능력이 생기기 시작하는 것도 언어능력의 놀라운 변화이다. 엄마가 아프다고 하면서 "엄마 손에 호 해줘" 하면 아이가 아픈 손가락을 향해서 "호~" 하고 숨을 불어주거나 엄마가 우는 시늉을 하면 눈치를 보면서 엄마의 어깨를 토닥거려주기 시작하는 때도 이 시기다. 물론 이러한 공감능력이 시작되는 나이도 아이마다 다르고 남자아이냐 여자아이냐의 차이도 있어서 18개월이 절대적 기준이라고 보기는 어렵다.

우리는 공감능력을 통해서 상대방의 분노, 공포, 슬픔, 기쁨과 같은 기본적인 정서는 물론, 죄책감, 당황, 사랑과 같은 복잡한 정서도 이해할 수 있다. 이 시기 아이들의 공감능력은 다른 사람의 마음 읽기를 통해 타인이 바라는 것과 원하는 것이 무엇인지 알고 때로는 그것이 자기 생각과 다르다는 것을 조금씩 알아가는 가장 기초적인 단계이다. 이 시기에 시작되는 공감능력은 이후 성인이 되어서까지 영향을 미치기 때문에 아이의 몸짓이나 언어에 부모가 먼저 적절한 반응해주는 과정이 반드시 필요하다.

그리고 이 시기 아이들의 중요한 특징 중 하나는 의사소통을 위해서 몸짓과 낱말을 함께 사용한다는 것이다. 싫다는 말을 할 때 "시러, 시러" 하면서 손이나 머리를 함께 내젓거나 "주세요" 하면서 손을 모아서 내미는 행동을 한다. 식탁 위에 놓인 주스를 손가락으로 가리키며 "주스"라고 하거나 주스를 컵에 따르는 시늉을 하는 것은 주스를 달라는 표현이다. 냉장고를 가리키며 "우유"라고 하는 것은 냉장고에 들어 있는 우유를 꺼내달라는 뜻이다. 아직 2어절의 문장을 구사할 수 없는 아이들이지만, 몸짓과 낱말을 함께 사용해서 명사(말로 주스라고 하는 것)+동사(몸짓으로 마시는 시늉을 하는 것)의 2어절 구문을 만들어냄으로써 자신의 의사를 더 강력하게 표현하게 된다.

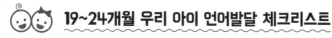

19~24개월 우리 아이 언어발달 체크리스트

	예	아니오

★ 신체 일부분의 이름을 듣고 다른 사람(엄마 또는 인형)의
　신체에서 찾을 수 있다.　　　　　　　　　　　　　　　☐　☐

★ 그림과 실제 사물을 짝지을 수 있다.　　　　　　　　　☐　☐

★ '소유자＋소유'(아빠 양말, 엄마 시계)의 의미를 이해한다.　☐　☐

★ 10가지 이상의 간단한 동사를 이해한다.　　　　　　　☐　☐

★ 일상생활에서 연결된 2가지의 지시가 포함된 문장을 듣고
　순서대로 수행할 수 있다.　　　　　　　　　　　　　　☐　☐

★ 일상적인 형용사('아프다', '예쁘다', '무겁다' 등) 중에서
　몇 가지를 이해한다.　　　　　　　　　　　　　　　　☐　☐

★ 새로운 낱말을 비슷한 발음으로 모방한다.　　　　　　☐　☐

★ 친숙한 사람의 전화 목소리를 듣고 누구인지 안다.　　☐　☐

★ 그림을 보면서 '이게 뭐야?'라고 물었을 때 몇 가지 사물의
　이름을 말할 줄 안다.

★ 자신의 감정이나 느낌을 표현할 수 있다('싫어', '미워', '예뻐' 등).　☐　☐

★ 물어볼 때 말끝을 올려 말한다('아파?').　　　　　　　☐　☐

★ 신체적 욕구에 대해 말로 표현하기 시작한다.　　　　☐　☐

★ '뭐야'를 써서 질문을 한다.　　　　　　　　　　　　☐　☐

★ 두 낱말 문장에서 부정어를 사용한다('안 먹어' '엄마 아니야').　☐　☐

★ 선택해야 하는 질문('사과 줄까, 바나나 줄까?')에 대한 대답을 할 수 있다.　☐　☐

50개 이상의 단어를 말할 수 있어요
: 19~24개월

아이들이 혼자 걷고 뛰기 시작하면 활동 반경도 점점 커진다. 더 넓은 세상을 접할수록 말할 수 있는 단어도 늘어간다. 이전까지 명사 위주의 언어를 사용했다면 이제는 대명사, 부사, 동사 등으로 확장된다. 3~5가지 정도의 신체 부위(눈, 코, 입, 귀 등)를 구별할 수 있고 동물의 울음소리를 듣고 동물 그림을 골라낼 수도 있다. 몇몇 익숙한 물건들은 정확한 이름으로 이야기할 수도 있다.

이 시기 아이들 언어능력의 가장 큰 특징은 두 단어를 붙여 말하기가 시작된다는 것이다. 그러나 19~24개월에 시작되는 두 단어 붙이기는 일관적이지는 않다. '두 단어 산출기'라고 해서 모든 문장을 두 단어를 붙여 사용하는 것은 아니라는 뜻이다. 아직도 한 단어 사용이 훨씬 더 많다.

엄마와 밥을 따로 말하던 아이가 "엄마, 밥" 이렇게 말하면서 엄마에게 밥을 달라고 요구하기 시작한다. 비록 짧지만 문장으로 말하게 된 것이다. 하지만 아직 두 단어를 붙인 문장은 길이가 짧아서 단어 수준의 짧은 문장 즉 3음절~4음절 수준(예를 들어 "엄마, 밥"은 3음절, "과자 먹어"는 4음절이다)인 경우가 대부분이다. 아직 긴 문장을 말할 준비까지는 되지 않았다.

처음에 아이들의 문장은 일관적인 순서 없이 "먹어, 밥", "밥 먹어"와 같이 순서나 위치에 크게 신경을 쓰지 않고 나타난다. 그래서 아이가 말할 때 그 말의 의미가 무엇인지 파악하기 위해서는 어느 정도 상황적인 맥락이 필요할 수 있다. "엄마, 양말"이라고 했을 때는 양말을 신겨달라는 것일 수도 있고 양말을 찾아달라는 것일 수도 있고 자신이 양말을 신고 있는 상황을 엄마한테 보여주기 위한 것일 수도 있고 엄마의 양말을 뜻할 수도 있다.

이 시기의 아이들은 자신 있는 하나의 단어 앞뒤로 다양한 어휘를 연결하는 것으로 단이 연결법을 익히게 된다. 예를 들어 "먹어"라는 말의 뜻을 정확하게 알고 구사할 수 있다면 아이는 "먹어"라는 단어 앞에 다양한 어휘를 붙임으로써 말을 반복적으로 만드는 일에 익숙해진다. "밥 먹어, 까까 먹어, 맘마 먹어, 주스 먹어, 우유 먹어"와 같이 '먹어'라는 말을 중심으로 두 단어 연결을 본격적으로 할 수 있다.

또한, 이 시기 아이들의 가장 눈에 띄는 점은 "뭐야?"라는 질문이 늘어난다는 것이다. 이것은 자신의 주변을 둘러싼 사물의 이름에 관심이 늘어난다는 뜻이기도 하다. 또, 무엇이라는 질문을 할 수 있다면 무엇에 대한 대답도 할 수 있다는 것을 뜻한다. 즉 이 시기의 아이들은 어른이 "이게 뭐야?"라는 간단한 질문을 하면 "○○"라고 대답을 할 수 있으며 반대로 다른 사람에게 질문도 할 수 있다. 또한, 질문할 때는 끝을 올리는 억양을 적절히 사용할 줄 알게 된다.

사회적인 의사소통도 강해진다. "안녕", "빠빠이" 등의 인사를 행동으로뿐만 아니라 말로 하기 시작하며, 할아버지, 할머니 등 친인척과 관련된 호칭들도 사용한다. 대명사인 '나'를 사용할 줄 알게 되어 어떤 일을 할 때 "내가"라는 말을 자주 하게 되는 시기이기도 하다.

아직은 정확한 소리로 단어를 발음하기는 어렵다. 이 시기에는 발음이 부정확해서 아이마다 차이는 있으나 낯선 사람이 들었을 때 25~50%만 알아들을 수 있다고 한다. 또한, 할아버지를 "하비", 아이스크림은 "아스크"라고 말하는 것처럼 음절 수를 줄여서 표현하기도 하는데 이 역시도 길게 말할 준비가 덜 되었기 때문이다.

간단한 심부름을 수행할 수 있어서 "기저귀 가져와"와 같은 말에 기저귀를 가져와 엄마에게 내밀 수 있고, "컵 갖다놔" 하는 말에 컵을 가져다 놓을 수 있다. 때때로 "껍질 까서 먹어"와 같은 2가지 지시를 연결해서 말해도 이해하고 수행한다. 짧은 이야기를 끝까지 들을 수 있을 정도로 집중력이 좋아졌지만 모든 상황을 이해하고 대답할 수 있는 것은 아니다. 재미있는 이야기에는 까르르 소리 내어 웃고 좋아한다.

이 시기의 부모들은 아이와 조금씩 대화하는 느낌을 받을 수 있다. 질문도 주고받을 수 있고 서로 간의 대화 연결이 어느 정도 가능해지기 때문이다. 간단한 지시어나 명령어도 어느 정도 수행할 수 있기 때

아이의 언어능력

문에 아이가 말을 알아듣고 수행하는 것만 보아도 부모들은 뿌듯함과 행복감을 느낀다.

만약 이 시기에도 눈 맞춤이 잘되지 않거나, 첫 낱말이 나오지 않거나, 아직도 모음 위주의 옹알이만 계속한다면 언어 발달이 늦는 것은 아닌지 의심해볼 수 있다. 하지만 일부 아이들은 이 시기에도 짧은 문장 수준이 아닌 몇 단어 정도로만 언어가 발달하기도 하니 너무 걱정하진 않아도 된다. 이 경우 이해하는 어휘가 꾸준히 늘어나고 있다면 크게 걱정할 필요가 없다. 하지만 두 돌이 다되어가는데도 아이가 하는 말도, 이해하는 말도 크게 진전되지 않는다면 아이를 좀 더 세밀하게 관찰해볼 필요가 있다.

만 2~3세 우리 아이 언어발달 체크리스트

	예	아니오

★ 주로 두 낱말 이상 또는 세 낱말 이상의 문장을 사용한다. ☐ ☐

★ 사물을 말할 때 대명사보다는 그 이름을 사용한다. ☐ ☐

★ 자기 자신의 이름을 사용하여 자신을 표현한다. ☐ ☐

★ 일상적인 동작이 표현된 그림에 대해 질문하면 적절하게 대답한다. ☐ ☐

★ 몇 가지 의문사를 사용한 질문('뭐 먹어?', '누구야?', '어디 가?' 등)을 ☐ ☐
  사용한다.

★ 이따가, 아까 등 시간을 나타내는 초보적인 낱말을 표현한다. ☐ ☐

★ '나', '우리' 등의 대명사를 사용할 수 있다. ☐ ☐

★ 자신이 그린 그림에 대해 물었을 때 그것에 대해 간단히 ☐ ☐
  설명할 수 있다.

★ 지시에 따라 사물의 일부분을 가리킬 수 있다 ☐ ☐
  (자동차 바퀴, 신발 끈, 바지 주머니 등).

★ 그림책을 보며 의문사를 사용한 질문을 하면 그 뜻을 이해한다. ☐ ☐

★ 대부분의 일상적인 동사를 이해한다. ☐ ☐

★ 지시에 따라 다른 곳에 가서 한 번에 두 개의 사물을 가지고 올 수 있다. ☐ ☐

★ 크기를 나타내는 낱말('크다' 및 '작다')을 이해한다. ☐ ☐

★ 간단한 비유 표현을 이해한다(사과 같은 내 얼굴). ☐ ☐

★ 사물의 '위, 아래, 앞, 뒤' 등의 위치에 대해 이해한다. ☐ ☐

다양한 의문사들을 이해할 수 있어요
: 만 2~3세

만 2세 이후의 가장 큰 변화는 본격적인 문장의 사용이다. "엄마, 물", "아빠, 와"와 같이 아이는 단어 두 개를 연결해 말하다가 점차 서너 개의 짧은 단어를 연결해서 "엄마, 물 줘", "아빠, 이리 와"와 같이 말할 수 있게 된다. 말할 수 있는 단어가 급격하게 증가하여 온종일 종알종알 말하기를 즐기고 새로운 단어에 대한 모방력과 표현력도 좋아진다. 정확하게 이름으로 명명하여 물건을 요구할 수 있다. 이름을 듣고 그에 해당하는 사물이나 그림을 골라낼 수 있다. 이렇듯 이 시기 아이들은 낱말의 정확한 뜻과 이름을 안다. 대략 500~900개 정도 이해하는 어휘가 생기고 50~250개의 표현할 줄 아는 말이 생긴다.

이 시기 아이들이 많이 쓰는 표현 방법은 반복적인 단어 사용이다. "많이많이", "빨리빨리"와 같은 말을 쓰는 것을 말한다. 문장의 처음에 나온 첫음절을 반복하는 경우("나, 나 이거 줘")도 많다. 한 번 말하는 것보다는 좀 더 적극적인 언어 전달 방법이다.

"내 거"와 같은 소유 개념이 명확해지고 "먹는 거 아니야"와 같은 부정어도 좀 더 원활하게 쓸 수 있다. 이러한 확장은 곧 표현의 풍부함으로 이어진다. '엄마가'의 주격조사 '~가', '엄마랑'의 공존격 조사 '~랑' 등 조사 사용이 시작되고, '~했어', '~할래'와 같은 과거나 미래형 서술어들이 등장하기 시작한다. 문법적으로는 오류가 많지만, 아이의 언어 사용에는 다양한 시도들이 일어난다.

첫음절에 나오는 자음들은 대부분 정확하게 발음한다. 하지만 아직도 단어 중간에 있거나 받침은 발음을 잘 못하거나 아예 생략하는 경우가 있다. 그래도 낯선 사람들 50~75%가 아이의 말을 알아들을 수 있다.

'크다/작다', '하나/전부'의 개념을 이해하기 시작한다. 손에 잡히는 구체적인 사물이 아닌 '추상적'인 개념을 이해할 수 있다는 것은 언어적으로 매우 의미 있는 일이다.

또, 몇 가지 의문문에 대해서 이해하고 대답할 수 있다. 이전 시기의 "무엇"을 넘어서 "누구야?", "어디야?"와 같은 질문을 이해하고 대답할 수 있으며, 아이가 어른들에게 의문사를 사용해서 "누구야?", "어디가?" 이렇게 묻기도 한다. 또한, "엄마 차야?", "자동차 가?", "비행기 탔어?"와 같이 두 단어를 연결해서 질문하기도 한다. 또한, "예/아니오"로 구분하여 질문에 대답할 수 있다. 문장의 길이가 조금씩 길어지면서 문법적인 오류도 많지만 아직은 걱정할 필요가 없다. 이 시기의 문법적인 오류는 너무도 자연스러운 것이기 때문이다.

아이의 언어가 급격하게 성장하는 것은 그만큼 아이의 두뇌가 자랐다는 뜻이기도 하다. 인간의 뇌는 갓 태어났을 때는 모든 활동에 좌뇌와 우뇌가 함께 반응하는 형태를 보인다. 보통 어린 아기들은 단어를 구분하기 위해서 뇌 전체를 사용하는 경향이 있지만 만 2세가 넘으면 어른처럼 언어의 기능을 담당하는 좌측의 두정엽과 측두엽을 활성화한다고 한다.

만 2세에 나타나는 좌뇌 특히 두정엽과 측두엽의 활성화가 중요한 이유는 이 부위에 언어를 담당하는 중추인 브로카 영역과 베르니케 영역으로 설명될 수 있다. 브로카 영역은 언어를 말하는 행위를 담당하는 영역이고, 베르니케 영역은 말의 의미를 파악하는 영역이다. 따라서 우리는 베르니케 영역을 통해 들은 말을 해석할 수 있고 브로카 영역을 통해 말을 외부로 내뱉을 수 있는 것이다. 만약 어느 쪽에 손상이 발생한다면 제대로 말을 이해하거나 발화할 수 없을 것이다. 따라서 만 2세 아이의 언어적 성장은 말을 듣고 이해하는 영역과 말을 하는 영역 모두가 잘 활성화되고 있다는 것이며, 두뇌가 잘 자라고 있다는 반증이기도 하다.

이 시기 아이들의 중요한 특징 중 하나는 자기 자신에 대한 자아 개념이 생기기 시작한다는 것이다. 그리고 당황, 부끄러움, 질투, 분노 등 다양한 정서를 느끼게 된다. 엄마가 다른 아이를 안고 있을 때 엄마 팔을 잡아당기거나 엄마를 때리기도 한다. 간단한 퍼즐을 맞춘 후 스스로 자랑스러워하며 환하게 웃는 시기도 이때이다. 이러한 감정의 분화들이 생기기 시작하면서 언어능력에도 큰 변화가 생긴다. 말에 감정을 담을 수 있고 감정을 표현하는 어휘를 익히며 언어의 정서적 기능을 수반하는 의사소통이 시작된다.

이 시기 아이들은 대화 기술은 많이 부족하지만 성인이 말을 지속적으로 걸어주면 주고받는 형태의 대화가 가능하다. 하지만 다음에 오는 내용이나 이전의 내용이 잘 연결되지 않는 경우가 많으므로 대화가 계속 이어지려면 아직은 성인의 도움이 필요하다.

다른 대상에 관한 관심보다는 아직은 자신을 둘러싼 활동이나 개인적인 의사소통에 더욱 관심이 많다. 이 시기 아이들이 있는 어린이집에 가보면, 아이들이 옹기종기 모여 있지만 서로 다른 말을 하면서 놀고 있는 것을 볼 수 있다. 공동의 놀이를 함께한다기보다는 같은 공간에 몸만 함께 있고 각자의 놀이를 하는 상황이다. 따라서 혹시 이 시기의 아이가 친구들이 있는데도 혼자 놀고 있는 느낌이 들더라도 걱정할 필요는 없다.

👧👦 만 3~4세 우리 아이 언어발달 체크리스트

	예	아니오

★ '언제'의 의문사를 이해하고 적절하게 대답한다. ☐ ☐

★ 과거와 현재 진행형 문장을 이해하기 시작한다. ☐ ☐

★ '안 타는', '안 가는'과 같은 부정어가 붙은 동사를 이해한다. ☐ ☐

★ '왜', '어떻게'라는 형태의 질문을 사용하고 대답할 수 있다. ☐ ☐

★ 동물, 과일, 탈것과 같은 범주어를 이해한다. ☐ ☐

★ 색깔 이름을 정확하게 안다. ☐ ☐

★ 반대어 표현을 사용할 수 있다(아빠는 남자고 엄마는 여자다). ☐ ☐

★ 위치부사어 '옆'을 정확하게 사용할 수 있다. ☐ ☐

★ '을/를' 등 조사를 사용하기 시작한다. ☐ ☐

★ 짝이 되는 연관된 어휘를 이해한다(연필-공책, 침대-이불). ☐ ☐

★ 어떤 상황에서 일어나는 감정을 이해할 수 있다
　 (장난감을 뺏어가면 화나요). ☐ ☐

★ 계절의 특성을 이해한다(눈이 오는 계절은 겨울이다, 더운 날은 여름이다). ☐ ☐

★ 자신이 잘 알거나 익숙한 이야기를 다른 사람에게
　 다시 들려줄 수 있다. ☐ ☐

★ 복수의 개념을 이해한다(사람-사람들). ☐ ☐

★ 비교급 표현을 사용할 수 있다(더 크다, 더 작다). ☐ ☐

자신의 경험을 타인과 소통해요
: 만 3~4세

이 시기 아이는 단어를 연결해 제법 긴 문장을 구사할 정도로 언어 능력이 자랐다. 아이마다 개인차가 있지만 4세가 되면 많은 단어를 이해하고 800~1,500개 정도의 단어를 사용할 수 있다. 말이 800~1,500개의 단어이지, 다시 말해 셀 수 없이 많은 단어를 말할 수 있다는 것이다. 문장의 기본 구조를 알기 때문에 단어를 조합해 다양한 의사 표현을 할 수 있다.

말을 하다가 말문이 막히면 "아~", "음"과 같은 무의미한 말을 넣기도 하고 호기심이 동하면 "왜?", "어떻게?"와 같은 질문을 시작한다. 대부분 자음을 올바르게 발음할 수 있지만 아직 ㅅ이나 ㄹ은 조금 어려운 아이들도 있다. 그러다 보니 때때로 혀짧은 소리처럼 유아어 같은 측면이 남아 있기도 하다. 말 속도도 이전보다 조금 더 빨라진다.

다른 사람에 관한 관심과 호기심도 늘어난다. 타인과의 본격적인 소통이 이루어지는 시기다. "같이 놀자", "○○할래?"와 같이 다른 아이에게

아이의 언어능력

말을 걸어 놀이를 시작할 수 있고, 친구들과 노는 것을 즐긴다. 타인의 감정을 살피기 시작하는데, 놀다가도 심각한 표정의 엄마를 보고 눈치를 살피며 "화났어?" 하고 물어보기도 한다.

일어난 순서에 따라 간단한 두 가지 사건을 이야기할 수 있다. 긴 대화에 참여할 수 있고, 모든 의문사(누가, 무엇, 어디서, 언제, 왜, 어떻게)를 사용한다. 말을 하면서 "왜냐하면"이라는 표현을 쓰기 시작하는 때이기도 하다. 문장과 문장을 연결하는 복잡한 복문이 가능해진다("나는 밥 먹고 아빠랑 밖에 나가서 놀 거야"). "엄마 나 밥 먹여줘", "신발 신겨줘"와 같은 수동형의 문장을 쓰기 시작한다.

단어를 이용해서 말장난을 하기도 하고 수수께끼 문제를 내며 즐거워한다. 어른들의 말을 흉내 내어 사용하기도 한다. '빗—머리 빗는 것', '칫솔—이 닦는 것'이라는 식으로 물건의 기능을 정확하게 이해하여 언어적으로 다양하게 활용할 수 있다. 상대적인 의미인 '많다/적다', '길다/짧다', '위/아래' 등을 자연스럽게 받아들인다. 과거와 미래를 구분할 수 있고 '낮'과 '밤', '여름'과 '겨울', '나중에', '이따가' 등과 같은 추상적인 시간 표현도 이해한다. '같다', '다르다'를 넘어서 '더 크다', '더 작다'와 같은 비교에 대한 이해가 가능해지는 것도 이때이다.

2가지 이상의 지시 수행이 가능해진다. 이 시기 이전의 아이들은 2가지 이상의 지시어를 듣더라도 앞엣것 혹은 뒤엣것만 기억하기 때문에 2가지 지시어를 모두 수행하기 어렵다. "냉장고에서 우유 꺼내고 식탁 위에서 컵 가져와"라는 지시를 들었을 때 냉장고에서 우유만 꺼내거나 식탁에서 컵만 가져오는 아이들이 대부분이다. 그래서 이 시기보다 어린 아이들에게 심부름을 시킬 때는 되도록 간단하게 말해야 한다. 처음에는 "우유 가져와"(명사+동사), "컵 가져와"(명사+동사)의 형태로, 그것이 가능해지면 "우유와 컵 가져와"(명사2+동사1), "우유 꺼내고 컵 가져와"(명사+동사 명사+동사)로 지시해야 한다. 그런데 드디어 이 시기가 되면, 아이들은 2가지 이상 지시어를 듣고 2가지 모두를 제대로 수행할 수 있다. 즉, 2가지 혹은 그 이상의 지시어를 기억하고 수행할 수 있는 능력이 생긴 것이다.

또 이 시기 아이들은 사람들에게 간단히 자신의 경험을 이야기할 수 있고, 짧은 이야기도 기억해서 말할 줄 알게 된다. 기억의 기술은 점점 좋아져서 간단한 규칙이 있는 게임도 가능해진다. 색깔과 모양을 잘 말할 수 있고 집단에게 주어진 지시도 잘 따른다. 아이의 이러한 모습은 인지 언어적으로 성숙했음을 반증하는 것이다.

다만 아직도 문장을 사용하는 데 있어 조사를 사용하는 부분이라거나 시간적 측면에서 문법적 오류가 나타난다. 차갑다는 표현을 "앗 뜨거 아니야"라고 하거나 "친구이가 때렸어"와 같이 조사를 두 번 혹은 틀리게 사용하기도 한다. 또, "내일 엄마랑 시장에 갔어"와 같이 과거형이나 미래형 시제를 혼동해서 쓰기도 한다. 오른쪽과 왼쪽을 구분해서 사용하기는 하지만 아직은 방향의 중심을 자신에 두고 생각하는 모습도 보인다.

😊😊 만 4~5세 우리 아이 언어발달 체크리스트

	예	아니오

★ 사동과 피동의 개념을 알고 사용한다(옷 입혀줘, 밥 먹여줘). ☐ ☐

★ 뜻을 설명하면 그 낱말이 무엇인지 말할 수 있다. ☐ ☐

★ 낱말의 뜻을 물어보면 설명할 수 있다. ☐ ☐

★ 간단한 은유적 표현을 이해한다(내 마음은 호수). ☐ ☐

★ '열을 재는 것-체온계, 무게를 재는 것-체중계'와 같이
  측정 도구를 안다. ☐ ☐

★ '그리고', '그런데' 등 연결어미의 사용이 자연스럽고 적절하다. ☐ ☐

★ 문제를 해결할 방법을 이야기할 수 있다
  (비가 오면~, 집에 아무도 없으면~). ☐ ☐

★ 그림이나 장면을 보고 긴 이야기를 만들어낼 수 있다. ☐ ☐

★ 문법형태소나 어순이 틀린 문장을 바르게 고칠 수 있다. ☐ ☐

★ 여러 가지 수를 세는 단위를 이해하고 사용할 수 있다(권, 마리, 개). ☐ ☐

★ 동화책 한 권을 집중해서 들을 수 있다. ☐ ☐

★ 낯선 사람이 들었을 때도 아이의 발음을 충분히 이해할 수 있다. ☐ ☐

★ 읽고 쓰기가 완벽하지는 않지만, 어느 정도 가능하다. ☐ ☐

★ 상황에 대해 설명할 수 있다. ☐ ☐

★ 전후 개념을 이해한다. ☐ ☐

문법에 잘 맞춰 표현할 수 있어요
: 만 4~5세

보통 만 4~5세 수준의 아이들은 2만 개 정도의 어휘를 이해한다고 한다. 사실, 이 시기 연령의 언어능력은 어해 어휘, 표현 어휘의 숫자를 세는 것이 무의미할 정도로 성인에 가깝다.

언어 사용에 어려움이 있는 장애 아동의 경우 언어 연령이 만 5세 수준까지만 올라와도 기본적인 일상생활에는 크게 지장이 없다고 할 정도로 이 시기는 거의 모든 형태의 대화와 소통이 가능한 언어 수준을 보인다.

이 시기 아이들은 상황에 대해서 복잡한 묘사를 하기 시작하고 문법적으로 완벽한 문장을 구사하기 시작한다. 이야기를 논리적으로 전할 수 있고 유머 감각이 생겨 우스갯소리를 꽤 잘한다. 끝말잇기나 수수께끼 등 다양한 언어적 유희를 즐길 수 있다. 상황이나 감정 전달이 구체적이고 진지하다. 자신의 경험도 주변 사람들과 다양하게 나눌 수 있다. 그래서 '이야기 나누기'나 '그림일기' 등의 활동이 가능하다.

아이의 언어능력

이 시기 아이들의 이야기를 듣다 보면 작은 어른이 말하고 있는 것 같은 느낌이 들 정도다. 4개 이상의 그림을 보고 순서대로 배열한 후 이야기를 만들어낼 수 있다. 앞뒤 선후 관계를 아는 것은 물론이고 이야기를 지어내고 다시 말하는 능력이 그만큼 성숙했다는 뜻이다. 어떤 아이들은 글자 없는 이야기책을 펴놓고 마치 글이 써진 책을 읽는 것처럼 이야기를 지어내기도 하고, 실제 써진 내용과는 상관없는 새로운 이야기를 만들어내기도 한다.

아이들은 다양한 역할 놀이에서 많은 커뮤니케이션 상황들을 창조적으로 만들어낸다. 예를 들어 더 어린 나이에는 병원에서 진찰하고 주사 맞는 상황이 전부였다면, 이 시기의 아이들은 훨씬 더 다양한 상황을 만들어낸다. 예를 들어 배가 아픈데 치과에 갔다거나, 병원 계단에서 넘어져 다른 병원에 가야 하는 상황을 만들어 좀 더 복잡하고 재미있는 이야기를 만들어낸다. 인형이나 몇 가지 장난감만 있어도 아이들끼리 혹은 혼자서 역할을 부여해가며 재미있게 이야기하면서 놀 수 있다. 함께 하고 있는 구성원에 따라 스토리도 무궁무진하다.

또, 계획을 세워서 활동에 참여할 수 있다. 서로 간에 "이렇게 하자"하고 언어로 규칙을 정하고 놀이터에서 게임을 하기도 한다. 이러한 활동들은 처음 만나는 또래 누구와도 가능해져서 낯선 친구와도 금방 스스럼없이 친해진다.

발음에 큰 어려움이 없어 낯선 사람이라도 아이의 말을 잘 이해할 수 있다. 이 시기에 말을 못 알아들을 정도로 발음이 나쁘거나 특정 자음을 말하는 데 문제가 있다면 전문가에게 도움을 의뢰해야 할 수도 있다.

대부분 아이들은 초등학교에 진학하여 학습이 가능할 정도로 인지 수준이 올라 있다. 순서대로 100까지의 수를 셀 수 있으며 대부분의 시간적 개념을 이해하여 적절하게 잘 사용할 수 있다. 색깔과 모양 등 추상적인 개념들을 잘 알고 지시나 규칙에 따라 문제를 풀 수 있다. 미술놀이나 만들기 등을 할 때 계획을 세워 할 수 있으며 주변 사물들에 대한 관찰력이 좋아진다.

글자를 읽는 아이들도 생기기 시작한다. 글을 읽을 때 글씨가 써진 대로 어색하게 읽거나 띄어 읽기가 안 되는 경우가 허다하지만 아직은 자연스러운 읽기 규칙을 깨닫기 전이므로 크게 걱정하지 않아도 된다. 오히려 많이 지적하면, 스트레스를 받아 소리 내어 책을 읽지 않게 되므로 아이가 처음 한글을 읽기 시작했을 때는 부모가 무조건 격려하고 응원해주는 것이 좋다.

쓰기가 가능해지는 시기도 이때이다. 처음 글자를 쓰는 아이들은 글을 맞춤법이 아닌 소리 나는 대로 쓰는 경우가 대부분인데, 이는 당연한 현상이다. 띄어쓰기도 안 되어 무슨 말을 쓴 것인지 알아보기 힘들 정도로 죽 붙여서 쓴 경우가 많다.

한글은 자음과 모음이 함께 복잡하게 나와 있는 형태이다. 따라서 한글 맞춤법은 아이들에게는 너무도 복잡하고 어렵다. 그리고 말을 잘한다고 해서 읽기와 쓰기가 바로 잘 이루어지는 것은 아니다. 이 연령대 아이가 글자에 관심을 가지고 읽고 쓰려 한다면 서툴고 실수투성이라도 활동 그 자체를 지지하고 격려해주어야 한다.

이제 아이의 언어능력은 성인의 그것과 크게 다르지 않을 정도로 성장했다. 그렇다고 해서 이것이 끝이 아니다. 이후부터는 학습이나 시사에 관련된 새로운 어휘를 배우게 된다. 새로운 어휘들을 배우는 곳은 이전보다 더 복잡해져서 가정, 학교, 학원, 친구, 대중매체 등으로 다양해질 것이다.

2장

연령별 우리 아이 발달,
제대로 되고 있나요?

이 챕터에서는 부모님들이 우리 아이의 언어에 문제가 있다고 생각하는 때가 언제인지와 어떤 문제가 느껴질 때 언어적으로 문제가 있다고 세심하게 관찰해야 하는지를 다루었다.

언어치료 현장에서 부모님들을 만나보면 걱정하지 않아도 되는 수준임에도 아이의 상황이 걱정되어 언어치료실을 찾은 부모도 있고, 이렇게 될 때까지 왜 아무것도 하지 않은 건지 원망스러울 정도로 느긋한 부모도 있었다.

혹시 아이가 이런 문제가 있다면 한 번쯤은 아이의 언어 상황을 유심히 살펴보기를 권한다. 물론 아이의 나이나 성향이 함께 고려되어야 한다.

아울러, 이 챕터에서 언급되지 않았더라도 앞에서 설명한 정상 언어발달 단계보다 우리 아이 언어 수준이 많이 떨어진다면 아이의 언어 발달이 잘 이루어지고 있는지 다시 한 번 점검해 볼 필요가 있다.

옹알이가 오히려 줄어드는 것 같아요
🗣️: 0~15개월

아기의 옹알이는 언어의 기반이 된다는 점에서 매우 중요하다. 아기는 옹알이를 통해서 자신의 목소리를 들을 수 있고 상대방의 반응을 살펴보면서 소리를 조절하는 능력도 배우게 된다. 다른 사람과 소통하는 첫 단추가 옹알이를 통해서 끼워지게 되는 것이다. 아기는 미숙하나마 소리를 이렇게도 내보고 저렇게도 내보고 하면서 자연스럽게 발성하는 법을 익힌다. 그리고 조그맣게 웅얼거리듯이 하던 옹알이는 어느새 커져서 때때로 우리를 깜짝깜짝 놀라게 하기도 한다.

말을 하기 위해서는 많은 근육의 섬세한 움직임을 필요로 한다. 그래서 학자들은 말을 하는 과정을 신경과 근육의 섬세한 움직임이 만들어내는 종합 예술에 비유하기도 한다. 그래서 얼굴이나 발음기관들의 신경이나 근육이 다치면 어딘지 모르게 말하는 것이 어색하고 낯설게 느껴지기도 하고, 말하는 사람 역시 불편함을 느끼게 된다.

옹알이를 하면서 아기는 어른들보다 조금은 덜하지만 다양한 발음기관의 움직임을 만들어낸다. 투레질하면서 입술을 떨게 되고 "아아아~" 하는 소리를 내면서 입술을 벌리게 되고 음성을 밖으로 표현한다. 입을 다물고 "음~" 하는 동안 입안의 진동을 느끼게 된다. 아이가 입술을 움직여 모음이 연결된 "아우아우"나 "아이아이"와 같은 소리를 내는 과정은 드라마틱하기까지 하다. 그렇게 모음이 다양하게 연결된 억양이 느껴지는 옹알이는 음절과 길이가 다를 뿐이지 어른들의 말과 거의 비슷하게 느껴진다. 이러한 과정이 본격적인 말을 하기 위한 준비 과정이다.

더욱 놀라운 것은 자음이 들어간 옹알이이다. 모음보다는 자음이 훨씬 발음하기 어렵고 발음기관도 훨씬 더 섬세하게 움직여야 한다. 처음에는 모음과 자음이 섞인 "아브", "아므"와 같은 옹알이를 하다가 첫음절에서 자음이 산출되는 형태 즉, "바바바바", "다다다다"와 같이 자음이 반복되는 옹알이에 이르면, 우리가 가르쳐주지는 않았지만 아이는 이미 단어를 발음할 때 자음을 산출할 준비가 된 것이다. 이렇게 옹알이가 늘어나면서 아이는 서서히 흘리던 침을 조절한다. 우리가 말을 하면서 침을 흘리는 사람은 없다. 옹알이가 늘어나고 말을 하게 되면, 입에 음식이 아닌 장난감을 가져가거나 침을 흘리는 모습을 점점 볼 수 없게 된다. 그것은 우연의 일치가 아니라 말을 하기 위해서 입의 근육들을 조절할 수 있게 되었다는 뜻이다.

또한, 아기는 옹알이를 통해서 사람들과 소통하는 법을 배운다. 아기는 자신이 내는 소리에 반응하는 부모를 보고 더욱 즐겁게 소리를 내게 된다. 아이의 소리를 듣고 부모가 "오늘은 기분이 좋네", "우리 아가 배고프구나" 하는 말로 반응해주면 아이는 따라 웃거나 좋아한다. 이는 언어적 의사소통에서 가장 중요한 '주고받기'의 기본이라고 할 수 있다. 그리고 부모뿐만 아니라 아기는 서서히 자신이 내는 소리나 언어적인 몸짓이 상대방에게 영향을 미치는 것도 알게 된다.

그런데 만약 이러한 옹알이가 줄어들거나 옹알이 패턴이 다양하게 늘지 않는다면 아기를 좀 더 면밀하게 볼 필요가 있다. 옹알이를 즐거워하지 않는다는 것은 말하는 것을 즐거워하지 않는다는 것과 같고, 말할 준비가 점점 늦어지고 있다는 것과 같다.

첫 번째로 의심해볼 수 있는 것은 청각적인 문제이다. 요즘은 신생아청각선별검사가 보편화되어 청각에 문제가 있는 경우 태어나자마자 바로 알 수 있다. 하지만 그것만으로는 안심하기에 이르다. 아기들은 중이염 등으로 청각적인 상황이 일시적으로 나빠지는 경우가 있다. 때때로 중이염이 반복되면 청력이 떨어지는 경우로까지 연결되기도 한다. 청력이 나빠지면 아기는 자기 소리를 제대로 들을 수 없다. 그리고 상대방의 목소리나 장난감의 소리도 듣기 어렵다. 결국, 소리의 피드백을 받지 못한 아이의 옹알이는 점점 줄어들게 된다. 그래서 옹알이도 줄어들고 소리에 제대로 반응하지 않는다면, 이비인후과에 방문해 귀의 상태를 점검받거나 청력 검사를 받아보는 것이 좋다.

두 번째로 의심해볼 수 있는 것은 언어적 환경이다. 주변에 언어적 자극을 주거나 반응해주는 사람이 없다면 아이는 옹알이하는 것이 재미없을 것이다. 혹시 집안 환경이 너무 조용하거나 텔레비전, 라디오,

CD 등만 너무 켜져 있는 것은 아닌지, 아이의 옹알이에 너무 무심하게 반응하고 있지는 않은지 되돌아볼 필요가 있다.

아이에게 언어적 자극을 주겠다는 생각에서 일방향적인 소리 자극만 지나치게 많이 주는 경우가 있다. 그래서 온종일 집 안 가득 텔레비전이나 라디오 소리, CD플레이어에서 나오는 영어나 동화 읽어주는 소리 등이 이어지기도 한다. 하지만 아기가 정말 재미를 느껴서 옹알이를 즐겁게 내뱉을 수 있게 하는 것은 사람과의 소통이다. 아기와의 눈맞춤을 통해서 반응을 유도하는 언어적 소통 환경이 부족한 것은 아닌지 한 번 되돌아볼 필요가 있다.

세 번째로 의심해볼 수 있는 것은 전체적으로 아이의 언어 발달이 지연되고 있는 것은 아닌지 하는 문제이다. 음성적 모방이나 자발적인 표현이 부족한 아이들은 다른 영역에서 문제가 없는지 의심해볼 수 있다. 아직 옹알이 단계에서 아이의 발달 상태를 의심하는 것은 사실 무리이다. 하지만 만약 언어적 환경이 나쁘지 않고 양육 상황에서 충분히 언어적 자극을 받고 있음에도 아이의 옹알이에 문제가 있다고 느껴진다면 옹알이의 늦음이 이후 본격적인 언어 습득 연령기에 말의 늦음으로 연결되지는 않는지 지속적인 관찰이 필요하다.

아직 나이가 어리다고 해서, 그리고 말이 아닌 옹알이라고 해서 가볍게 여겨서는 안 되는 이유는 옹알이가 말하기 직전의 준비 단계이기 때문이다. 아기의 옹알이가 혹시 문제는 없는지, 잘 성장하고 있는지 살펴보는 마음의 자세가 필요하겠다.

아이의 말이 느는 것 같지 않아요
◡◡ : 만 1~4세

아기가 첫 단어를 말하기 시작하는 순간부터 부모가 느끼는 기쁨은 정말 대단하다. 우연이라 해도 "엄마", "아빠", "맘마"라는 첫 단어를 발음하는 순간, 천사 같은 아기가 앞으로 얼마나 많은 말을 해줄지 궁금하다. 그리고 "엄마 어디 있어?" 하는 질문에 엄마를 손가락으로 가리키고 "아빠는?" 하면 아빠를 가리키는 아이의 고사리손을 보면서 행복해진다. 이렇게 아직 '엄마 아빠'를 말하지 못하더라도 그 뜻을 안다면 아이들은 손가락으로 가리키거나 고개를 돌려 그쪽을 쳐다볼 수 있다.

첫 단어를 말하기 시작했지만 아기는 아직 모든 단어를 말하지 못하고 모든 단어의 뜻도 알지 못한다. 그래서 보통 13~18개월 정도의 아기들이 모든 남자를 '아빠'라고 하거나 모든 여자를 '엄마'라고 하는 과잉 확장적인 언어를 사용한다고 이미 언급한 바 있다. 자신이 아는 단어는 적고 표현하고 싶은 대상은 많다 보니 이런 현상이 생기는 것이다.

이 과정을 지나면서 대부분 아이는 발음은 부정확하지만 단어 수준에서 짧은 문장을 말하는 수준까지 발달한다. 아이가 말하는 단어들을 보고 주변 사람들이 놀라는 일도 잦다. 1주일 아니 하루 사이에도 아이의 언어가 느는 느낌이 든다.

그런데 두세 돌이 넘어가는데도 아이의 말이 늘지 않는다고 여겨질 때가 있다. 이 경우 '이거'와 같은 대명사로 모든 사물을 지칭하거나 손가락으로 가리키는 경우가 많다. 이런 아이들은 필요한 것이 있을 때는 엄마 손을 잡아끌며 떼를 쓴다. 사물을 표현할 때도 구체적인 이름으로 말하지 못한다. 무엇을 말하는지 알 수 없으니 아이도 부모도 난감하고 답답해진다. 그러다 보니 아이가 짜증을 내거나 울면서 떼를 쓰는 상황이 생긴다. 아이의 말이나 감정을 알아주지 못해서 생기는 난감한 상황이다.

여기에서 우리가 놓치지 말아야 할 개념 중 하나가 '이해 언어'와 '표현 언어'이다. 이해 언어는 아이가 이해하고 있는 말 즉 알고 있는 말이다. 표현 언어는 아이가 할 수 있는 말이다. 보통 아이의 머릿속에는 이해 언어가 표현 언어보다 많이 담겨 있고, 아이는 가지고 있는 많은 어휘 목록 중에서 필요한 순간에 딱 맞는 적합한 어휘를 꺼내어 사용한다.

보통 부모는 아이가 표현하는 말에 훨씬 더 많은 관심을 기울인다. 그래서 아이가 무슨 말을 하는지, 어떤 단어를 내뱉는지에만 관심이 높다. 그런데 우리가 놓치지 말아야 할 것은 아이가 하는 말만큼이나 아이가 알고 있는 말이다. 아이가 표현하는 말은 적더라도 보통 수용 언어가 표현 언어보다 훨씬 더 많고 언어 언령도 높다. 아이가 아는 단어가 많이 없다면 꺼내놓을 수 있는 말도 제한적일 수밖에 없다.

그러면 우리는 일상생활 속에서 아이가 이해하고 있는 언어가 어느 정도인지 어떻게 알 수 있을까? "○○ 어디 있어?"라는 질문으로 대부분 알 수 있다. 혹은 몇 가지 중에 "○○"라는 말로 2~4가지 중에서 골라내는 능력으로도 알 수 있다. 부모나 다른 어른의 말을 모방하거나 말하지는 못하더라도 정확히 그것을 가리킬 수 있다면 표현 언어에는 어려움이 있지만 언어 발달이 잘 되고 있다고 볼 수 있다. 실제로 언어 치료실에 말이 늦다고 찾아온 아이 중에 이해하고 있는 어휘가 또래 정도이거나 많이 늦지 않다면 둘 다 늦는 아이보다 교정하는 데 훨씬 수월한 것을 느낄 수 있다.

하지만 알고 있는 어휘 즉 이해 언어가 부족하다면 조금은 심각하게 생각해보아야 한다. 말이 늦은 아이인데 알고 있는 어휘까지 떨어진다면 아는 어휘부터 늘려야 할 필요가 있다. 언어의 바구니에 단어들을 채워넣지 않으면, 아이가 말하는 데 당연히 지장을 받을 수밖에 없다. 예를 들어 이해 언어 목록에 동물 이름이 없다면 동물을 말할 수 없고, 동사가 없다면 2어절을 만드는 데 어려움을 겪게 된다. 이러한 수용 언어들은 아이의 인지와도 관련된다.

단어를 아는 것 같지만 손가락으로 가리키거나 쳐다보기는 잘 안 되는 아이들도 있다. 이 경우에는 아이가 그 단어를 정확하게 아는지 확인할 수 없다. 그래서 처음에는 의도적으로 아이가 물건을 가리킬 수 있게 지도하기도 한다. 손가락이 어렵다면 손바닥 전체로 가리킬 수도 있다. '포인팅'이라는 방법을 몰랐던 아이들은 자신이 모르는 이름을 가진 물건들을 가리키며 "이게 뭐야?"를 묻는 수단으로 사용하기도 한다.

표현하고자 하는 단어를 잘 모를 경우 아이는 떼를 쓰거나 소리를 지르거나 고집을 피우기도 한다. 원하는 것을 말로 표현할 수 없으니 행동이 과격해지는 것이다. 아이가 좋아하거나 관심 있어 하는 것, 즉 먹는 것, 입는 것, 탈것, 동물 등 아이 주변의 것들의 이름을 알고 표현할 수 있다는 것은 정말 중요하다.

때때로 사물의 이름을 명사로 말하지 못하고 "○○하는 거"라고 말하는 아이들도 있다. 정확한 이름 대신 모양이나 사물의 쓰임새로 설명하는 아이들이다. 예를 들어 세탁기를 '돌아가는 거'나 '빨래 빠는 거'로 말하는 경우다. 그런 아이들에게도 명사로 정확하게 이름을 알려주어야 한다. 학령기 이후 아이들이 "엄마가 빨래 빠는 거에서 빨래를 꺼내서 빨래 너는 거에다 갖다 놓았어"와 같이 말하는 경우는 없다. 세탁기나 빨랫대와 같은 정확한 명칭을 사용도록 알려주는 것이 맞다.

아이가 아는 단어들, 특히 알고 있는 어휘가 늘지 않는다는 생각이 든다면, 한 번쯤은 우리 아이가 언어적으로 잘 성장하고 있는지 체크해볼 필요가 있다. '언어가 느는 느낌이다. 새로운 단어를 알고 적절하게 쓰는 것이 보인다'는 것은 언어 발달 과정에 있어 정말 중요한 척도이기 때문이다. 그리고 아이가 알고 있는 언어가 아이가 말할 수 있는 말보다 훨씬 많다는 것을 잊어서는 안 될 것이다. 우리 아이의 표현하는 말뿐만 아니라 이해하는 말에도 특별한 관심을 기울여야 한다.

말을 더듬어요
😊😼 : 만 2~5세

일반적으로 우리는 물이 자연스럽게 흐르듯이 편안하게 말을 한다. 이것을 '유창성'이라고 표현한다. 그런데 발달의 문제 혹은 정서적인 이유로 말을 더듬는 아이들을 가끔 보게 된다. 이를 '말더듬' 혹은 '비유창성'이라고 한다.

'아이의 말더듬은 부모의 귀에서 시작된다'는 말이 있다. 말더듬은 말을 하는 당사자보다는 듣는 사람이 불편함을 느끼는 소리이다. 이전에는 미처 인식하지 못했다가 말을 듣는 상대방이 '어? 왜 이리 말을 더듬지?' 하고 생각하는 순간 "말더듬" 혹은 "유창성장애"라는 이름으로 명명되는 것이다. 그런데 그것을 깨닫고 상대방에게 "너 왜 이렇게 말을 더듬어? 더듬지 마"라고 말하는 순간 아이도 "아, 내가 말을 더듬는구나" 하고 그것을 인식한다.

성인들도 일상생활에서 흥분하거나 마음이 바쁘면 말을 더듬는 경우가 있다. 이것을 보통 '정상적인 비유창성'이라고 표현한다. 아이들에게도 이런 양상이 보이는 경우가 있는데 발달 과정에서 나타난다고 해서 '발달적 유창성'이라고도 한다. 이렇듯 만 2~5세 사이에 시작되는 정상적인 비유창성은 말과 언어의 발달 시기에 흔히 나타나는 것으로, 대부분 이 시기부터 말더듬이 시작된다. 연구에 따르면 15% 정도가 인생에 한 번은 말더듬을 경험하고, 6개월 이상 지속되는 경우는 5% 정도이며, 대부분은 소멸되나 1% 정도는 말더듬으로 남게 된다. 남자아이가 여자아이에 비해 말더듬 확률이 높으며 비율은 4배 정도 높은 것으로 알려졌다. 그런데 비정상적인 비유창성은 문제가 있다. 보통 초등학교 입학 전 시기에 시작되어 초등학교 입학 이후까지 계속 말더듬이 지속될 경우, 사실상 완전한 유창성을 획득할 확률이 낮아진다고 한다.

일반적으로 말더듬의 양상은 다양하게 나타난다. 소리와 음절의 반복과 막힘이 가장 대표적인 예이다. 예를 들어보면, "ㅅㅅㅅ사과가 ㅁㅁ 먹고 싶어요"라거나 "바바바바다에 가가가고 싶어요"처럼 같은 음절이 반복되는 것이나 "아~~~아빠"와 같이 소리가 잘 나오지 않아 말을 이어갈 수 없어 중간에 막히는 형태이다. 때때로 말이 잘 나오게 하려고 눈을 깜빡이거나 팔을 돌리거나 고개를 움직이는 행동이 나타나기도 한다.

혹은 회피 행동이 나타나기도 하는데, 자신이 더듬는 말이 무엇인지를 아는 아이나 성인의 경우 그 단어가 나올 때 다른 말로 돌려 말해서 (자동차를 더듬는 경우 '차'라고 말하는 것) 더듬는 말을 하지 않으려고 하는 것을 말한다. 긴장성 행동으로 나타나는 경우도 있는데(손을 힘주어 쥐는 것과 같이 특정한 신체 부위에 힘이 들어가는 경우), 이럴 때는 몸뿐 아니라 심리도 매우 긴장된 상태이다. 그래서 말더듬을 심리 문제와 연관시키기도 한다. 말을 더듬는 단어의 빈도수가 많아지면 말을 하는 당사자도 이것을 자각할 수 있으며, 말더듬에 대한 심리적 부담이 커지면서 말더듬이 더 심해지는 경우가 생긴다.

말더듬이 생기는 이유는 불확실하다. 하지만 아이가 말을 더듬고 부모가 그것을 깨닫는 순간, 아이뿐만 아니라 부모의 불안감도 커진다. 불안감을 느낀 부모들은 숨을 천천히 쉬라거나 긴장하지 말라거나 다시 한 번 더듬지 말고 말해보라는 등 아이가 말을 더듬을 때마다 지적하거나 고칠 것을 강요한다. 그런데 아이는 그러한 지적을 받았을 때 더욱 불안감을 느끼고 긴장한다. 그 때문에 회피나 두려움 등의 양상이 드러나기도 한다.

아이가 말을 더듬는다면, 말더듬을 대하는 부모를 비롯한 주변 사람들의 태도가 중요하다. 이는 상당한 인내심과 여유를 필요로 하는 일이기도 하다. 그래서 말더듬 치료는 심리적인 요인이 많이 작용한다.

부모의 귀가 아이의 말더듬을 인식했다고 하더라도 아이를 자연스럽게 대해야 한다. 아이의 문장 중간중간에 나오는 말더듬에 집중하기보다 아이가 무슨 말을 하는지 들으려고 노력해야 한다. 아이가 말을 하면서 심리적으로 위축되는 상황에 놓이지 않도록 아이를 편안하게 해주는 것이 무엇보다 필요하다.

그리고 아동의 말더듬을 고쳐주기 위해서 "다시 말할 것"을 강요하면 안 된다. 부모가 다시 말해보라고 하면 아이는 이미 스트레스 상황에 놓이게 된다. 특히 부모가 직접 고치려고 지적해서는 절대 안 되는 것 중의 하나가 말더듬이다. 오히려 아이가 더욱 긴장해서 말더듬이 고착되는 양상으로 나타날 수 있다.

아이가 생활 속에서 긴장이나 스트레스 상황에 놓이지 않도록 배려하는 것이 필요하다. 말을 더듬는 아이 앞에서는 일부러 가족들도 느리고 천천히 말해야 한다. 부모가 여유있는 태도를 보일 때 말을 듣는 아이도 편안함을 느끼게 되기 때문이다. 그리고 아이가 부모가 말하는 느린 속도를 모방할 수 있다면 말더듬에서 벗어날 가능성은 높아진다. 그만큼 긴장보다는 편안함을 느껴야 빨리 개선될 수 있다는 것이다.

아이가 말을 더듬을 경우 부모는 심리적으로 위축되어 죄책감을 느끼기도 한다. 그러다 보니 아이가 말을 더듬을 때 혼을 내거나 엄격하게 대하기도 하고, 혹은 스트레스를 주지 않겠다는 핑계로 무관심하고 허용적으로 대하는 경우도 생긴다. 부모는 이러한 위축감이나 죄책감에서 벗어나야 한다. 그리고 아이에게 누구나 말을 더듬을 수 있고 마음을 편안하게 먹으면 좋아질 수 있다는 격려를 해주어야 한다. 이러한 긍정적인 태도가 말더듬의 악화를 막고 개선을 촉진하는 지름길이다.

아울러 심하게 말을 더듬는 경우 전문가와의 상담을 통해서 혹시 아이가 스트레스 상황에 있는 것은 아닌지, 의사소통하기 위해서 아이를 어떻게 대하는 것이 좋은지 충분히 의논한 후에 접근하는 것이 좋다. 특히 말더듬은 아직 아이가 인식하지 못했을 때 자연스러운 중재에 들어가 주는 것이 좋다. 언어치료에서는 말더듬 초기에는 아이가 아닌 가족을 중심으로 하는 간접 치료 방법으로 말더듬을 접근한다. 따라서 정확한 평가와 진단을 통해 아이의 말더듬이 개선될 수 있도록 도와야 한다.

일반적으로, 아동기의 정상적인 말더듬은 일시적으로 나타났다가 사라지기 때문에 자연스럽게 좋아질 가능성은 충분하지만, 말더듬이 한번 나왔던 아이라면 부모가 계속해서 관심을 가져야 한다. 관심을 가진다는 것은 간섭이나 지적이 아니다. 기다림과 여유만이 말더듬이 좋아지도록 할 수 있다. 이렇듯 말더듬을 좋아지게 만드는 데는 부모의 굉장한 노력과 인내심이 필요하다. 말더듬을 듣는 부모보다 말을 더듬는 당사자인 아이가 더 힘들고 고통스럽다는 것을 잊지 말고, 아이를 지지하고 격려해주어야 할 것이다.

무슨 말인지 못 알아듣겠어요
😊😃 : 만 2~5세

모음 위주의 발성만 하던 아이들도 옹알이 단계에서부터 자음을 산출하게 되고, 다양한 자음들이 나오면서 알아들을 수 없던 말들이 점점 사라진다. 2~3세 아이들의 경우 낯선 사람이 아이가 하는 말을 50% 정도만 알아들을 수 있을 정도로 아직도 아이들의 발음은 많이 부정확하다. 하고 싶은 말은 많은데 그것을 다 발음할 수 있을 만큼 발음기관들이 제대로 자리잡지 못했기 때문이다. 그런데 만 4~5세가 다 되어가는데도 아이의 말을 잘 알아듣지 못할 정도라면 조금은 심각하게 아이의 발음에 대해서 생각해보아야 한다.

우리가 발음을 이야기할 때 흔히 이야기하는 것은 음소의 발달단계이다. 아이의 일반적인 음소의 발달단계를 나타낸 표를 살펴보자. '완전습득연령'은 대부분 자연스럽고 정확하게 발음이 되는 때다. 그리고 '출현연령'은 그것이 처음 나오는 시기다. '숙달연령'과 '관습적 연령'은 그 사이에 있다. 자음의 75% 정도 정확하게 발음하는 연령을 숙달연령, 50% 정도 할 수 있다면 관습적 연령으로 본다.

이 표를 해석함에 있어 아이마다 약간의 차이가 있음은 염두에 두어야 한다. 2세 11개월과 3세가 1개월 차이에 의미 있는 큰 변화가 있지는 않다. 자연스럽게 그 시기가 스펙트럼처럼 겹치면서 자음이 좀 더 다양하고 섬세하게 분화된다는 점을 기억하면 된다.

* 음소의 발달 단계

연령	음소 발달 단계			
	완전습득연령	숙달연령	관습적 연령	출현연령
2세~2세 11개월	ㅍ, ㅁ, ㅇ	ㅂ, ㅃ, ㄴ, ㄷ, ㄸ, ㅌ, ㄱ, ㄲ, ㅋ, ㅎ	ㅈ, ㅉ, ㅊ, ㅌ	ㅅ, ㅆ
3세~3세 11개월	+ ㅂ, ㅃ, ㄸ, ㅌ	+ ㅈ, ㅉ, ㅊ, ㅆ		
4세~4세 11개월	+ ㄴ, ㄲ, ㄷ	+ ㅅ		
5세~5세 11개월	+ ㄱ, ㅋ, ㅈ, ㅉ	+ ㄹ		
6세~6세 11개월	+ ㅅ			

* 『아동언어 장애의 진단 및 치료』 김영태, 학지사

아이가 3세인데 ㅅ 발음을 못하는 것이 이상하지 않다고 생각될 수 있으나 이미 2세만 되어도 출현이 시작되는 것을 생각하면 조금 더 주의를 기울여야 한다. 하지만 심각하게 아이에게 문제가 있다고 생각할 필요는 없다. 하지만 5세인데 ㅍ, ㅁ을 제대로 발음하지 못한다면 앞의 경우보다 더 세심한 관찰이 필요하다. 이미 ㅍ, ㅁ은 2세~2세 11개월이 완전습득연령 즉 대부분 아이가 잘 말할 수 있는 소리이기 때문이다.

보통 단어보다는 문장에서 아이의 발음이 정확하지 않은 경우가 많다. 그래서 발음이 안 되는 단어들을 다시 말해보라고 시켰을 때, 보통은 단어 수준에서는 좀 더 정확해지는 느낌을 받을 수 있지만 문장에서는 바로 개선되지 않는 모습을 볼 수 있다. 발음이 고쳐진 것 같던 단어도 문장 안에 들어가면 정확도가 떨어지는 것이 일반적이다.

문장은 코를 통해 공기가 나오면서 막히고 울리는 소리를 만들어내는 공명(울리는 소리. 어떤 단어를 말할 때는 입안이나 코가 떨리지 않고 어떤 단어를 말할 때는 떨리는데 우리 말 소리에는 공명의 특성이 있는 것과 없는 것이 있다), 문장에 따라 다양하게 나오는 억양(의문문일 때는 끝을 올리고 평서문일 때는 끝을 내려서 말한다. 또 사투리마다 억양의 차이가 있다) 등 다양한 요소들이 함께 어우러진다. 그래서 일반적으로 아이가 말하는 문장이 길어지면 발음은 더 알아듣기 어려워진다.

자신의 발음에 문제가 있다고 생각하게 되면 아이는 틀리는 발음들을 다른 말로 돌려 말하는 경우도 생긴다. ㅌ발음이 안 되는 아이는 '타요'라는 이름 대신 '파란 버스'와 같이 말해버리는 것이다. 혹은 '그거'와 같이 대명사로 돌려 말하기도 한다. 때로 자존심이 센 아이라면, 단어를 몇 번 다시 말했는데도 부모가 못 알아듣거나 틀렸다며 다시 말해보라고 시키면 아예 입을 다물어버리기도 한다.

사실 부모는 아이가 어떤 발음을 해도 대부분 잘 알아듣는다. 무슨 소리인지 아무리 들어도 모를 정도로 발음하는 아이의 말도 부모는 너무도 잘 알아듣고 대답한다. 그래서 다른 사람들에게 아이의 말을 통역(?)해주는 상황까지도 생긴다.

이 경우 발음이 어려운 아이들은 부모에게 의지하려는 성향이 강하게 나타난다. 자신의 말과 의도를 누구보다도 잘 알아주는 사람이니 당연한 결과이다. 다른 어른에게 장난감을 꺼내달라고 요청해야 하는 상황인데도 그 어른에게 말하는 것이 아니라 옆에 있는 엄마에게 말한다. 물론 낯선 어른에게 말을 거는 것이 부끄러워서 그럴 수도 있지만 자신의 말을 대신 전달해주기를 바라는 의도도 일부 포함되어 있다.

다른 장애가 있어서 발음의 문제가 나타나기도 한다. 발음기관의 움직임도 운동신경과 뇌의 활동이 잘 일어나야 가능하므로 뇌손상이나 신경에 문제가 있거나 인지 기능이 떨어져 있는 경우 발음에 어려움을 겪게 된다.

발음에 문제가 있다면, 입술이나 혀와 같은 발음기관이 제 위치에서 잘 움직이고 있는지 확인해볼 필요가 있다. 치아 교정을 했을 때 발음이 약간 부정확하게 들리는 것은 교정철사 때문에 혀의 움직임이 둔해지기 때문이다. ㅅ을 발음할 때 혀가 윗잇몸 뒤쪽에 살짝 붙는지, ㅁ을 발음하는데 입술이 잘 붙었다가 떼어지는지와 같은 움직임을 살펴보아야 한다. 발음기관들의 움직임이 제대로 이루어지지 않거나 둔한 경우라면 발음기관들을 좀 더 많이 움직일 수 있도록 자극해주어야 한다. 때로는 껌이나 캐러멜, 오징어나 쥐포 등이 좋은 매개체가 되기도 한다.

또, 청각적인 문제가 없는지 확인해볼 필요가 있다. 아이들은 듣는 대로 말한다. 따라서 듣는 데 어려움이 있다면 발음도 어려울 수밖에 없다. 중이염이 있거나 청력이 떨어진 경우, 청각적인 문제와 함께 발음의 문제가 같이 나타난다.

발음을 정확하게 하기 위해서는 아이의 의지에 의한 동기 부여가 제일 중요하다. 상대방이 자신의 말을 잘 알아듣도록 하고 싶고, 자기 뜻이 잘 전달되기를 바라는 마음 말이다. 하지만 어린아이들이 그렇게 하기란 쉬운 일이 아니다. 아이의 발음을 유심히 관찰해보고 문제가 느껴진다면 그리고 그것이 잘 개선되지 않는다면 전문가의 도움을 받는 것이 필요하다.

친구들과 함께 놀지 못해요

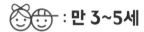 **: 만 3~5세**

아이가 어린이집이나 유치원에 다니기 시작하면서부터 부모들은 또래 아이들과 자녀를 비교할 기회가 많이 생긴다. 첫 사회생활이다 보니 집에서 아이와 단둘이 있을 때는 생각지도 못했던 아이의 다른 특징들이 보이기 시작한다. 그래서 '우리 아이가 이런 면이 있었구나' 하고 다시 한번 느끼고 깨닫게 되는 시기이기도 하다.

가장 속상한 경우가 아이가 친구들과 대화하는 것에 별로 관심이 없어서 혼자 놀거나, 대화를 통해서 서로의 입장을 좁히거나 문제를 해결하는 대신 가지고 싶은 물건을 뺏거나 상대방 아이를 때리는 것이다. 이런 이야기를 들으면 혹시 우리 아이가 언어적으로나 정서적으로 문제가 있는 것은 아닌지 걱정이 된다.

아이가 소통하는 즐거움을 모르는 경우는 크게 다른 사람에 관심이 없는 경우와 아이가 다른 사람과의 대화에 끼어들 정도로 언어적으로 성장하지 못한 경우로 구분된다.

다른 사람에 관심이 없는 경우 자기중심적으로 생각하고 모든 상황이 자기가 중심이 되어 소통해왔던 아이인 경우가 많다. 미디어에 지나치게 노출되어 일방향적인 소통에 길들었거나 다른 사람들과의 대화 경험이 많이 없는 경우에 보이는 현상이다. 자기 말을 들어주는 어른들과의 소통에만 관심이 많아 또래와 대화하는 것에 크게 흥미가 없는 경우도 있다. 어른들은 참을성 있게 아이의 말을 충분히 기다려주고 잘 들어주기 위한 노력도 기울인다. 그러나 아이는 특별히 배려심이 있는 아이가 아니면 친구의 기질을 다 받아들이기는 어렵다. 자폐와 같이 발달적으로 어려움을 겪고 있는 아이들도 다른 사람의 말이나 행동에 크게 관심이 없고 자신의 놀이나 행동에만 관심을 보인다.

혹은 언어적으로 또래 수준만큼 성장하지 못해서 친구들과의 의사소통에 끼어들 수 없는 경우가 있다. 이는 언어적 기술 부족과 언어 발달 지연이 원인이다. 또래 아이들은 언어적으로 부족한 친구와의 대화를 기다려줄 만큼 여유가 없다. 말을 잘 못 알아듣고 대답이 늦으면 친구들은 벌써 뭐라고 떠들면서 다른 곳으로 가버린다. 몇 번 대화를 시도하던 아이는 결국 친구들과 언어로 소통하는 것을 포기한다.

아이가 6~7세만 되어도 놀이 과정이 복잡해진다. 단순한 소꿉놀이에서 역할과 상황이 좀 더 복잡한 형태의 놀이로 다양화된다. 즉 엄마―아빠, 선생님―아이들, 의사 선생님―환자 등의 역할 놀이가 되기도 하고, 어린이집이나 유치원, 수영장, 슈퍼마켓, 놀이터, 식당 등 다양한 상황을 중심으로 하는 가상 놀이도 이루어진다. 순식간에 놀이

아이의 언어능력

집단이 모였다가 흩어지기도 하고, 놀이 상황에서 낯선 아이들과 금방 친구가 되기도 한다. 따라서 아이가 이러한 활동들에 잘 참여하려면 아이의 언어 수준이 친구들과 놀이가 가능할 정도로는 성장해있어야 한다. 언어가 늦은데다가 성격이 소심하거나 내성적인 경우라면 더욱 혼자 놀이로 빠지게 될 확률이 높다.

물건을 빼앗거나 때리는 행동 역시 아이가 언어적으로 자신의 뜻을 잘 전달하지 못할 때 발생하는 경우가 많다. 예를 들어 친구가 가지고 놀고 있는 것 중에 자기가 원하는 장난감이 있을 때, "○○야, 니가 가지고 있는 자동차, 나 잠시만 빌려줄래?"라고 제대로 말할 수 없거나, 그런 제안에 "싫어"라고 친구가 거절했다면 "대신 이 인형 줄게. 바꾸어서 놀자"와 같이 다른 방법을 제시할 수 없는 아이들이다. 즉 대화로 문제를 해결하려는 시도 자체가 어렵거나 대화 주고받기가 잘 되지 않는 아이들은 자신의 욕구를 전달하는 방법으로 과격한 행동을 사용할 수밖에 없다.

물론 영유아 시기의 아이들이 얼마나 대화를 이상적으로 잘 풀어갈 수 있느냐 하는 것은 의문이지만 대화 주고받기가 제대로 이루어지지 못한다면 아이는 결국 자신의 원하는 것을 언어가 아닌 다른 방법으로 이루려고 한다. 때로는 이러한 문제로 스트레스가 과도해지면 남을 괴롭히거나 때리는 행동으로 나타나게 되기도 한다.

또래 관계는 성격적인 문제뿐만 아니라 언어능력과 크게 관련이 된다. 또래 수준의 대화와 놀이가 제대로 이루어지지 못한다면, 아이는 원하든 원치 않든 혼자 놀이를 하게 될 수밖에 없다. 만약 아이가 또래와의 관계에 크게 관심이 없다면 상관없지만 또래 관계를 중시하고 친구들로부터 인정받고 싶어하는 아이라면 이런 상황이 상당히 힘들고 버티기 어려울 것이다.

무조건 아이를 또래 관계 안으로 떠밀어서 놀라고 하는 것은 준비되지 않은 아이에게 스트레스일 수 있다. 아이가 또래 관계를 힘들어하는 이유가 무엇인지, 무엇을 도와주면 좋은지 살펴보고 챙겨주어야 한다. 그리고 이러한 의사소통을 배우기 위해서는 대그룹 집단보다는 2~3명의 소그룹 상황에서 놀게 하고, 더 나아가서는 1명의 단짝 친구가 되는 것부터 시도해보는 것이 좋다. 낯설고 처음 보는 친구보다는 호감을 가지고 있는 익숙한 친구로 구성된 작은 집단에서 충분히 연습한 후에 대그룹 상황으로 나아가야 한다.

그리고 초등학교 저학년 시기 이전까지는 선생님의 태도나 마인드가 아이의 친구관계에 긍정적 혹은 부정적인 영향을 미친다. 아이가 또래 관계에서 즐거움을 얻을 수 있도록 어떻게 도움을 주면 좋을지 선생님과 허심탄회하게 이야기를 나누어보는 것도 방법이다. 선생님이 다른 친구들 앞에서 아이를 칭찬하거나 지나치게 드러나지 않는 선에서 지지를 보내준다면, 친구들의 태도도 달라질 수밖에 없다.

그래서 부모들은 어린이집이나 유치원과 같은 유아교육기관, 초등학교 입학 전에 아이의 언어능력을 최대로 끌어올리기 위해 노력하게 된다. 소통의 즐거움을 제대로 경험해보지 못한 아이라면, 아이에게 여러 사람과 소통할 많은 기회를 주어야 한다. 따라서 너무 늦게 이러한 소통적 문제가 발견되지 않도록 매 순간 아이가 언어적으로 잘 성장하고 있는지 살펴보는 것은 매우 중요하다.

★★★ 3부 ★★★

하루 30분,
연령별 언어능력 늘리기

영유아기

소리를 듣고 말하는 것이
즐겁다는 것을 알려주세요

소리에 집중하는 놀이를 하세요

신생아들의 감각은 정말 예민한다. '아기가 자고 있어요. 벨을 누르지 마세요'라고 써 붙인 대문을 종종 보게 된다. 힘들게 재운 아기가 벨 소리에 반응해서 울거나 깨는 일이 있기 때문이다. 그리고 신생아는 의사표현을 할 수 있는 수단이 많지 않기 때문에 조금만 짜증나거나 불편한 상황이 생겨도 눈물을 보이며 울게 된다.

아기들이 예민하게 활동하는 감각 중의 하나인 청각, 그러면 청각은 언제부터 발달하기 시작할까?

청각은 오감 중에서 가장 빠르게 완성되는 감각 중 하나다. 태아 초기 때부터 세포분열을 통해 이미 귀를 구성하는 세포들이 모이기 시작하고 소리를 듣는 기관인 와우(달팽이관)는 7주쯤에 만들어지기 시작해서 20주쯤이면 완성된다고 한다. 이때부터 시작되는 태아의 청각은 임신 25주 정도가 되면 외부에서 들려오는 큰 소리에 반응할 정도까지 발달한다. 1990년 말에 이스라엘 산부인과 의사가 만삭의 산모를 눕

혀놓고 음악을 들려주며 뱃속의 아기 움직임을 관찰했는데 음악을 틀어주기 전보다 음악을 틀어준 이후 태아의 움직임이 더욱 활발해지는 것을 관찰할 수 있었다고 한다.

이즈음부터 많은 임산부가 태교를 위한 음악과 동화책을 들려주기 시작한다. 이러한 과정에서 이루어진 부모와 태아 사이의 상호작용은 태아의 뇌 발달에도 큰 영향을 미친다고 한다.

소리를 듣는 활동은 아이들에게 좋은 자극 수단이 된다. 영유아기 어린아이들에게는 언어적으로도 감각적으로도 꼭 필요한 활동 중의 하나가 소리와 관련된 활동이다. 소리 나는 것은 모두 악기다. 불어서 소리 나는 것, 두드려서 소리 나는 것 등 다양한 것을 악기로 활용할 수 있다. 악기를 실제로 보여주고 소리를 들려주면서 "불어", "두드려", "소리 들어봐"와 같은 다양한 동사들을 함께 제시할 수 있다. 다양한 소리가 나는 악기나 물건들을 이용해 소리를 조절하면서 "소리가 작아", "소리가 커"라고 말해주며 '작다/크다'와 같은 개념도 알려줄 수 있다.

영유아의 청각을 자극하면서 아이의 신체를 함께 자극하는 것은 아이의 성장뿐만 아니라 언어 발달에도 크게 도움이 된다. 음악을 들려주면서 아이의 손을 잡아 흔들어주거나 품에 안고 춤을 추는 등 음악과 함께 하는 신체 놀이는 아이를 즐겁게 할 뿐만 아니라 부모와의 공감대 형성에도 크게 도움이 된다. 이렇게 음악을 듣는 과정에서 자연스럽게 이루어지는 자극은 아이들에게 소리뿐만 아니라 언어에도 집중할 수 있는 능력을 키워준다.

혼자 걸어 다닐 수 있거나 활동할 수 있는 조금 큰 아이라면 소리와 음악을 통해서 다양한 형태의 놀이로 언어 자극을 줄 수 있다.

음악을 들으며 "멈춰"라고 말했을 때 멈추는 놀이는 아이에게 듣기에 대한 집중과 함께 활동에 대한 재미를 준다. 또 멈추는 순간 함께 놀이하는 사람들의 반응을 보면서 소통하는 즐거움도 깨닫게 된다. 혹은 음악이 멈췄을 때 동작을 멈추거나 지정된 자리에 앉는 놀이는 소리에 따라 다음 동작으로 연결된다는 측면에서 더욱 의미가 있다. 그리고 아이를 중심으로 까꿍놀이를 하듯 소리 나는 방향으로 아이가 쳐다보게 하는 놀이도 좋다. 아이가 쳐다보면 "우리 ○○, 엄마 찾았네"라고 피드백해주는 것은 당연히 필요한 반응이다.

무엇보다 중요한 것은 아이가 소리에 적극적으로 반응하도록 유도하는 것이다. 이 과정은 아이의 발화가 제대로 나오지 않는 경우라면, 돌 이전의 어린 아기가 아니어도 활용할 수 있다. 소리에 집중해서 반응하는 과정은 말하기에 앞서 반드시 필요한 단계라는 점을 잊지 말고 음악을 매개체 삼아서 재미있게 놀아주면 된다.

자신의 이름을 부르면 쳐다보게 하세요

  소리에 반응할 정도가 되면 곧 이름에 반응을 보인다. 이것을 우리는 '호명 반응'이라고 한다. 그런데 이름을 불러도 잘 쳐다보지 않는 아이들이 있다. 목청이 떠나가라 여러 번 불러도 쳐다보지 않으면 아이가 청각적으로 문제가 있는 건지, 아니면 아예 다른 사람의 반응에는 관심이 없는 건지 의심하게 된다. 혹은 "우리 아이는 좋아하는 놀잇감에 집중하면 아무 소리도 못 듣는 애처럼 불러도 쳐다보지 않아요" 하고 걱정하기도 한다.

  호명 반응은 이름에 대한 반응이기도 하지만 소통을 위한 첫 단추라는 점에서 큰 의미가 있다. 보통 우리는 다른 사람의 이름을 부른 다음에 무언가를 얘기한다. 무엇을 하자거나("이거 하자") 무엇이 필요하거나("이거 해줘") 의견을 물어보는("너의 생각은 어떠니?") 상황 전에 이름을 먼저 부르게 된다. 따라서 이름을 부르는 것은 그다음 무언가를 함께 진행하기 위한 수단인데, 이름을 불렀는데도 쳐다보지 않는다는 것은 그다음 의사소통 과정과 연결될 수 없고 아이가 상호작용에 관심이 없다는 뜻이기도 하다.

이름만 불러서 아이의 반응을 지켜보는 것은 좋은 방법이 아니다. 분명 이름을 부른 후에 무언가가 있어야 한다. 그렇지 않으면 아이가 처음에는 돌아보더라도 엄마가 불러만 본다는 것을 알게 되어 이후에는 반응하지 않게 된다. 따라서 하다못해 아이에게 줄 어떤 것이라도 들고 이름을 불러야 한다.

특별한 장애나 다른 문제가 있지 않은 경우, 보통 호명 반응이 없는 아이들은 다른 물건에 정신이 팔린 경우가 많다. 아이가 집중하는 사물들을 치우고 조금은 의도적으로 사람에게 관심을 기울이게 할 필요가 있다.

이름을 부르는 목소리에 다양한 억양을 넣어 재미를 유도하는 방법도 있다. 그냥 "영희야"라고 부르는 것보다 노래하듯이 "영~희~~~야"라고 부르는 것이다. 아이가 조금이라도 자신의 이름에 흥미를 느끼고 반응할 수 있는 상황을 만들기 위한 의도적인 방법이다.

집중적으로 연습하는 상황이라면 청각적인 소리뿐 아니라 다른 형태의 자극을 함께 주는 것도 필요하다. 이름을 부르며 아이의 어깨를 두드려서 반응을 유도하거나, 손뼉을 치는 것과 같은 더 강한 청각적 자극을 통해 고개를 돌려 엄마 쪽을 보게 한다거나, 이름을 부르기 전에 얼굴이나 볼을 기분 나쁘지 않을 정도로 잡고 의도적으로 고개를 돌려보게 하는 방법이 있다.

하지만 가장 좋은 것은 이름을 부르는 소리만 듣고 반응하게 하는 것이다. 이름에 반응이 없는 아이라면 우연이라도 아이가 이름 부르기에 반응했을 때 과할 정도의 칭찬을 해줄 필요가 있다. 과장된 부모의 반응은 아이를 신나게 한다. 엄마가 웃는 행동, 아빠가 좋아하는 놀이를 하려는 것은 아이들의 일반적인 욕구이다. 따라서 호명 반응이 잘 안 되는 아이라면, 이름에 반응하는 순간 과할 정도로 기뻐하고 칭찬해주는 부모의 태도가 무엇보다 필요하다.

또, 재미있는 놀이를 통해서 아동의 호명 반응을 자극할 수 있다. 아이가 호명 반응을 놀이처럼 느끼게 해서 반응을 유도하는 것이다. 이때도 반응 놀이를 제공하는 부모의 반응과 태도가 정말 중요하다. 아이가 우연히 이름 부르기에 반응했는데 그 상황에서 칭찬과 격려가 없다면 아이는 굳이 이름에 반응할 필요를 느끼지 못한다. 한 번이 어렵지, 서너 번 반응에 성공한 아이들은 다음에 자연스럽게 이러한 활동에 참여할 수 있을 것이다.

옹알이로 말하는 아이의 눈을 맞추며
적극적으로 반응해주세요

아기의 목소리나 옹알이는 자신의 감정이나 의사를 전달하는 좋은 수단이다. 아기들은 기분이 좋으면 높은 톤으로 소리를 내고, 기분이 나쁘면 짜증스런 소리를 낸다. 완벽한 말은 아니지만 옹알이로 자신의 이야기를 전달한다. 그리고 자신의 소리를 듣고 즐거워하기도 하지만 다른 사람들의 반응을 보고도 기뻐한다.

이 시기에 음성 놀이는 엄마와 감정을 나누는 첫 열쇠가 된다. 단순히 눈을 맞추고 아이가 내는 소리를 함께 내어주는 것만으로도 아이는 엄마와 소통하는 즐거움을 느낀다. 엄마의 음성을 듣고 엄마의 감정을 이해한다. 엄마의 목소리가 즐거우면 아이도 즐겁고, 엄마의 목소리에 화나 짜증이 묻어 있으면 아이도 그 감정을 느끼고 움츠리게 된다.

옹알이 역시 마찬가지다. 엄마와 옹알이를 주고 받으며 의사소통의 기초를 깨우친다. 아이에게 반응하는 엄마의 모습은 아이가 더욱 적극적인 의사 전달을 하도록 자극한다. 자기가 좋아하는 엄마가 적극적으로 반응해주는데 당연히 아이는 즐겁지 않을까?

옹알이에서 우리가 놓치지 말아야 할 것 중 하나가 완벽하지는 않더라도 다양한 형태의 자음과 모음이 단계적으로 잘 나오고 있는지 확인하는 것이다. 아이는 옹알이를 통해 다양한 소리를 내게 된다. 그러다 보면 우연히 ㅁ이나 ㅂ과 같은 입술소리들이 나오기도 하고, 목 안에서 ㄱ소리가 나오기도 한다. '투레질'이라고 하는 입술 떠는 과정에서 우연히 ㅂ소리가 나오기도 한다.

처음에는 입을 다문 "음"소리나 입을 벌린 "아"소리 같은 단순한 모음들이 산출되었다면, 거기에 억양이 실리기도 하고 모음들이 다양한 형태로 변화하면서 소리가 나오게 된다. 그러다가 "아바", "우이", "음마"와 같이 자음과 모음이 합쳐진 형태이면서도 모음 위주로 나오기 시작하고, 시간이 지나면 "가가가가", "바바바바"와 같이 '자음+모음' 형태의 반복적인 옹알이도 나오게 된다. 이제 아기는 "이우이 아우아우~~음~~~바바바바~~ 가가가가" 이런 식의 알아들을 수는 없지만 모음도 바뀌고 자음도 변화하는 다양한 소리를 내면서 자신의 이야기와 감정을 전달한다.

이런 옹알이에 반응하는 방법은 크게 두 가지로 나뉜다. 음성 놀이에서처럼 아이의 옹알이에 그대로 반응하는 방법이다. 아이가 옹알이를 하면 그것과 비슷한 톤으로 혹은 조금은 변화된 소리로 아이에게 반응해준다. 그러면 아이는 옹알이로 새로운 소리를 만들어내기도 하고 엄마의 소리를 다시 모방하기도 하면서 더 다양한 옹알이를 하게 된다.

두 번째 방법은 아기의 옹알이를 말로 바꾸어주는 방법이다. 아기가 우유를 배부르게 먹고 기분이 좋아서 팔을 내저으며 "오~이오아와오아앙~~" 이렇게 옹알이를 했다고 가정했을 때 엄마는 "우리 아기, 기분 좋구나. '엄마 배불러요'라고 하는 거야?" 하거나, 기저귀를 갈아주었을 때 아이가 하는 옹알이를 했다면 "기저귀 갈아줘서 시원하구나" 하면서 아기가 하는 말을 짐작해서 말해주는 것이다. 사실 우리는 아기가 옹알이를 어떤 의도로 내는지 정확하게 알 수 없지만, 아기의 상황에 맞추어 말로 반응해주는 것이다.

음성 놀이나 옹알이에 반응하는 가장 좋은 적기는 아기가 음성이나 옹알이를 내는 순간이다. 소리를 내보라고 이야기해도 아기가 멀뚱멀뚱 아무 소리를 내지 않으면 아무 의미가 없다. 엄마가 먼저 소리를 내보는 방법도 있지만, 모방이 전제되지 않으면 아기가 먼저 소리를 내는 것은 불가능하다. 그래서 아기가 소리를 내는 그 순간에 반응해주어야 한다. 음성이든 옹알이든 어떤 형태라도 좋다. 아기와 눈을 맞추고 '너의 이야기를 잘 듣고 있다'는 느낌으로 귀 기울여주고 반응해주어야 한다. 의사소통의 가장 기본은 눈 맞춤이다. 아기의 표정과 음성의 억양을 따라가면서 눈을 맞추고 소통하는 모습이 전제되었을 때 좀 더 다양하고 즐거운 의사소통이 가능해진다.

이렇듯 아기와의 음성 놀이 또는 옹알이 주고받기는 의사소통하는 방법을 배우는 데 있어 가장 기본이 된다. 여기에서 가장 중요한 것은 유난스러울 정도로 즐거운 부모의 반응이다. 이제 아기가 말할 시기가 얼마 남지 않았다.

다양한 노래를 들려주세요

노래는 무엇보다 우리의 일상생활에 깊숙하게 스며들어 있다. 음악을 싫어하거나 노래를 거부하는 아기는 거의 없을 정도로 노래와 음악은 아기가 즐길 수 있는 좋은 자극 활동이다. 아기들은 말뿐만 아니라 노래를 통해서 많은 것을 배우고 학습할 수 있다.

그럼, 아기에게 노래를 들려주며 언어적인 자극까지 함께 주려면 어떻게 하면 좋을까?

첫째, 아기에게 엄마 아빠의 목소리로 노래를 들려주는 것이 좋다. 부모의 목소리는 엄마의 뱃속에 있을 때부터 들어온 가장 낯익은 소리이다. 가장 친숙할 수밖에 없다. 아기에게만큼은 아무리 화려한 오케스트라 반주도, 신기한 악기 소리도, 훌륭한 가수의 아름다운 노랫소리도 엄마 아빠의 목소리보다 못하다. 아기가 듣거나 말거나 흥얼거리듯이 불러주어도 좋지만, 무엇보다 아기와 눈을 맞추고 몸을 쓰다듬으며 불러주는 노래라면 정서적인 안정감까지 줄 수 있어 가장 좋다.

둘째, 노래를 불러줄 때는 집중할 수 있도록 손 유희도 함께 해주자. 노래는 의사소통 기술 즉 듣기와 관련된 집중력을 배우게 하는 수단이 된다. 노래를 불러주면 아기들은 말보다 더 집중하여 듣는다. 잘 듣는 아이가 잘 말한다. 아기들은 동요 속의 반복되는 단어를 기억하고 그 노래를 불러줄 때의 엄마 표정이나 몸짓을 보고 단어의 의미를 자연스럽게 배우게 된다.

예를 들어 "나비야"라는 노래를 부를 때 우리는 그 안에 나비라는 단어가 여러 번 나오는 것을 알 수 있고, 무의식중에 양손을 저으며 나비의 날갯짓을 흉내 내게 된다. 때로 엄마는 나비가 나오는 책을 보여주며 아기에게 이 노래를 들려주기도 한다. 그러면 아기는 '나비'라는 말을 노랫말과 나비를 흉내 낸 몸짓으로 자연스럽게 익히게 된다. 이를 통해서 아기는 "나비야"라는 동요와 "나비"의 날갯짓을 흉내 낸 몸짓과 "나비"라는 단어를 연결한다. 이 원리는 말을 배우는 단계의 아기에게 단어를 알려줄 때는 느리고 리듬과 운율이 느껴지는 목소리로 전달해 주어야 효과적이라는 연구 결과와 맥락이 같다. 연구에 따르면 노래를 많이 듣는 아이가 박자감이 발달하며, 박자감이 좋은 아이는 읽기 능력도 발달한다고 한다.

셋째, 일상생활을 노래로 들려주자. 노래로 일상생활을 알려주는 것을 통해서 아기들은 다음 생활을 예측할 수 있다. 아기에게 어떤 상황에서 일정하게 불러주게 되는 노래들이 있다. 예를 들어 잠이 들 때 자장가를 불러주거나 이를 닦을 때 치카 노래를 불러주거나 엄마와 놀기 전에 뽀로로 노래를 불러주는 것들이다. 아직 노래를 들었다고 해서 정확한 뜻을 알거나 따라 하지는 못하더라도 아기는 노래 가사와 음정에 익숙해지면서 자연스럽게 '아, 이제 잘 시간이구나', '이제 양치질할 시간이구나'라는 것을 알게 된다.

넷째, 아이와 노래를 부르며 상호 작용의 즐거움을 알게 해주자. 생일 축하 노래를 부르며 누군가의 생일을 손뼉 치며 축하하는 즐거움을 알게 되고, "눈은 어디 있나, 여기~" 하는 노래를 통해서 자신과 상대방의 신체 부위를 확인할 수 있다. "시계는 아침부터 똑딱똑딱~" 하는 노래를 부르면서 시계의 기능이 무엇인지 알게 된다. "안녕, 안녕 친구들~" 하는 노래를 부르며 친구들과 인사하고 내일 다시 만날 것을 약속하며 헤어질 수도 있다. 노래를 통해 자연스럽게 대화에 참여하고 다른 사람들과 관계 맺는 것이 가능해지는 것이다. 이렇듯 노래는 아기들에게 다양한 활동에 참여할 수 있도록 돕고 언어적으로 자극을 줄 수 있는 좋은 매개체이다.

많이 듣는 노래의 경우 아기들은 곧 따라하게 된다. 아기에게는 본능과도 같은 모방력이 있다. 예를 들어 "머리 어깨 무릎 발" 노래를 들었을 때, 가만히 듣는 것처럼 보이던 아이들이 어느새 그 노래가 나오면 머리, 어깨, 무릎, 발을 짚으며 따라 한다. 그리고 나중에는 노래를 부르게 된다.

처음에는 음정과 박자, 가사가 확실하지 않지만, 옹알이처럼 옹알대는 소리 안에 노래가 있고, 엄마의 억양을 따라 부르는 것 같은 느낌이

드는 옹알이를 하기도 한다. 엄마가 노래를 부르다가 멈추면 자신이 먼저 목소리 높여 소리 지르기도 한다. 조금 더 시간이 지나면 아이가 먼저 노래를 시작하기도 한다.

아이가 정서적 안정감을 느끼면서 음악을 가장 편안하게 들을 수 있는 순간은 바로 잠들 때이다. 아이를 재우기 위해 품에 안고 부르는 자장가는 엄마와 아이가 정서적 교감을 나누는 좋은 매개체가 된다. 아이를 다독이며 조용조용한 목소리로 부르는 자장가를 들으면 아이는 엄마와 자신이 연결된 것 같은 따뜻함을 느끼는 동시에 언어적인 자극도 받는다. 그래서 커서도 어린 시절에 들었던 자장가를 잊지 못하고 때때로 흥얼거리게 되는 것이다.

엄마가 노래를 조금 못해도 괜찮다. 박자 감각이 떨어진다고 걱정할 필요는 없다. 심리적으로나 언어적으로나 부모가 직접 불러주는 노래가 아이에게 가장 안정감을 준다는 것만 기억하자. 아기에게 정서적인 만족감과 함께 언어를 자극하는 좋은 수단이 될 수 있는 노래 부르기와 음악 활동을 충분히 활용하기 바란다.

장난감이나 물건에서 나는 소리를
직접 말해보게 하세요

우리는 아기에게 말을 알려줄 때 처음부터 '사자', '돼지', '강아지' 같은 단어부터 가르치지 않는다. 대부분 그림이나 모형을 보고 '어흥', '꿀꿀', '멍멍'과 같은 소리를 나타내는 말을 써서 개념을 알려준다. 부모들이 이렇듯 소리를 나타내는 말을 자연스럽게 사용하는 것은 아기가 이런 말들에 더 잘 반응하기 때문이다.

동물이나 사람, 사물의 소리를 나타내는 '어흥, 꿀꿀, 멍멍' 같은 말을 '의성어', 몸짓이나 동작을 나타내는 '뒤뚱뒤뚱, 팔짝팔짝' 같은 말을 '의태어'라고 한다. 의성어나 의태어는 우선 귀에 쏙쏙 들어온다. 또한, 아기가 쉽고 편하게 따라 발음할 수 있다. 아이들은 사물의 이름은 잘 떠올리지 못해도 의성어와 의태어는 잘 기억한다. 그래서 시계를 가리키며 '시계'라고 말하는 것이 아니라 '똑딱똑딱'이라고 먼저 표현한다. 손가락으로 오리를 가리키고 오리의 뒤뚱거리는 몸동작을 흉내 내기도 하고 '뒤뚱뒤뚱'이라는 말을 덧붙이기도 한다.

언어 발달의 초기 단계에서는 이러한 의성어와 의태어를 잘 사용할 수 있도록 돕는 것이 언어 발달을 촉진하는 지름길이다. 예를 들어 '사자'라는 말을 배우는 아기를 생각해보자. '어흥'이라는 단어가 갈기가 길고 색깔이 황토색에 가깝고 이빨이 날카롭고 무섭게 생긴 '사자'라는 동물을 말한다는 것을 아기가 먼저 알아야 한다. 그 후, 아기는 '어흥'의 개념을 넘어서서 '어흥'과 '사자'라는 단어를 연결 지을 수 있어야 한다. 점차 '어흥—사자'라는 의성어와 단어의 연결이 가능해지고 어떻게 생겼는지를 생각하면서 아이는 자신이 알고 있던 그림이나 사진을 떠올리게 된다. 나중에는 '사자' 그림이나 사진을 보고 "사자"라고 말할 수 있게 된다.

따라서 처음에는 의성어, 의태어로 가르치고 의성어, 의태어를 어느 정도 알게 되면 그것을 기반으로 정확한 단어를 알려주어 말의 의미와 단어를 연결지을 수 있도록 도와주어야 한다.

탐색과 모방 욕구가 강한 아이들에게 이러한 의성어나 의태어의 사용은 매우 적절하다. 언어적 감각이 있고 모방 능력이 있는 아이들은 의성어와 의태어를 빨리 배운다. 단어에서 문장 수준으로 넘어갈 때도 "소방차가 '애앵애앵' 달려가네" 등 의성어와 의태어를 많이 사용하면 언어 발달에 큰 도움을 줄 수 있다. 특히 의성어나 의태어를 문장의 다른 부분보다 좀 더 크고 리듬감 있게 말해주면 더욱 좋다.

여러 번 반복해서 들려준 후에는 아이에게 그것을 말할 기회를 줘야 한다. 자동차의 소리인 '빵빵', '붕붕'을 여러 번 들려준 후에는 아이가 좋아하는 버스 장난감을 보여주며 눈앞에서 소리를 내지 않고 기다려 준다. 아이가 스스로 버스 소리를 내도록 기다린다. 가장 중요한 것은 기다림의 시간이다. 아이가 '빵빵'이나 '붕붕' 하는 소리를 내면 버스를 움직이거나 미끄럼틀에서 미끄러뜨려 준다. 그러면 아이는 소리 내기를 더욱 재미있게 생각하고 받아들이게 된다. 소리 모방력이 좋은 아이들은 어렵지 않게 의성어, 의태어 따라 말하기를 학습할 수 있다.

조금 더 성장한 후에는 의성어, 의태어를 맞추어보는 퀴즈를 활용해보자. 먼저 돼지는 어떤 소리를 내는지, 오리는 어떻게 걷는지를 아이와 함께 말해보면서 동물을 떠올려본다. "돼지는?", "꿀꿀", "피아노는?", "딩동댕동"과 같이 문답 형태의 퀴즈를 내어 동물이나 사물의 특징을 생각해보고 그 특징에 맞는 적합한 소리를 내어보는 놀이이다.

의성어, 의태어는 말을 처음 배우는 단계부터 더 큰 유아기까지 활용할 수 있는 좋은 아이템이 될 수 있다. 말 자체가 쉽고 재미있어서 언어 자극의 좋은 수단이 될 수 있기 때문이다.

2장

유아기

놀이를 통해 언어를
늘릴 수 있어요

간단한 지시 따르기 게임을 해요

아이들은 말을 배워가면서 소통 능력을 키워간다. 이해 언어와 표현 언어가 다양해지면서 아이들의 언어적 능력은 점점 커진다. 이렇게 표현할 줄 아는 언어가 늘어나게 되면, 아이들은 자신의 의사를 좀 더 정확하게 전달할 수 있다. "바나나"라고만 말하면 바나나가 먹고 싶은지, 바나나를 그려달라는 것인지, 바나나가 그려진 옷을 찾아달라는 건지 알 수 없지만, "바나나 주세요"라고 말하면 뜻이 정확하게 전달되어서 다른 뜻이 있는지 생각할 필요가 없다.

낱말카드를 놓고 학습하는 방법보다 아이들은 간단한 지시와 심부름을 통해서 좀 더 많은 어휘를 배워갈 수 있다. 그래서 말이 늦은 아이라면 심부름을 많이 시키라고 이야기한다. 아이가 원하는 것을 알아서 해주지 말고 "컵 가져와", "휴지 가져와"와 같이 심부름을 시키는 것이 "기저귀 어디 있어?"나 "휴지 어디 있어?" 같은 질문보다 아이의 수행력을 더욱 좋게 만들 수 있다. 이렇듯 다양한 지시를 통해 언어적으로 확장될 수 있도록 도와야 한다.

지시 따르기를 통해서 아동의 이해 언어 수준도 짐작할 수 있다. 아이가 "공 넣어"라는 말은 못하더라도 엄마가 "공 넣어"라고 했을 때 공을 병에 넣는다면, 아이는 '공'과 '넣어' 모두를 알고 있는 것으로 볼 수 있다. 이런 상황이라면 아이는 곧 "공 넣어"를 말할 수 있게 된다.

아이들은 심부름하기를 좋아한다. 실제로 "기저귀 가져와", "컵이랑 우유 들고 와"라고 지시하면 대부분 아이는 수행하기를 즐긴다. 보통 그런 지시 후에는 엄마나 아빠의 칭찬과 격려가 따르기 때문에 심부름을 서로 하려고 형제자매 간에 경쟁이 벌어지기도 한다. 따라서 아이들을 조금 귀찮게 하더라도 다양한 지시를 통해서 아이들이 수행할 수 있도록 기회를 주어야 한다.

어떻게 심부름을 시켜야 할지 모르겠다면, 지시 따르기의 몇 가지 팁을 아는 것이 도움이 된다. 아이의 언어적 수준에 따라 다양한 형태의 지시로 아이의 행동을 유도할 수 있다. 지시 따르기는 편의상 1~4단계로 구분할 수 있다.

1단계 지시는 단순한 동사 지시이다. 동사이기 때문에 상황상 무엇을 해야 하는지는 알 수 있다. 블록과 병이 있는 상태에서 "넣어"라고 말한다면 블록을 병에 넣으라는 것으로 볼 수 있다. "공 빼", "북 두드려", "이쪽으로 와"와 같이 쓰지 않더라도 "빼", "두드려", "와"와 같이 동사만으로도 지시를 수행하도록 할 수 있다. 아이 입장에서는 동사 하나만 들으면 되므로 매우 쉬운 지시 따르기의 형태이다.

2단계 지시는 대상(사물, 신체 등 명사) 하나와 동사 하나를 연결한 지시이다. 예를 들어 "컵 가져와", "주먹 쥐어"와 같이 한 가지 물건이나 사물에 대해서 한 가지 지시만 하고 그것에 따르도록 하는 것이다.

3단계 지시는 대상은 하나인데 동사가 두 개이거나 대상은 두 개인데 동사가 하나인 경우다. 예를 들어 "컵 가져와서 담아" 또는 "주먹 쥐었다 펴"는 대상은 하나이지만 동사가 두 개이므로 지시 따르기는 두 가지가 이루어지는 경우다. "컵과 포크 가져와", "손가락과 발가락을 펴"는 대상이 두 개이고 동사는 한 가지이다. 이것은 3단계보다는 기억해야 할 것이 많기 때문에 아이의 기억폭이 더 커져야 가능한 수행이다.

마지막 4단계 지시는 대상과 동사 모두 2개씩인 경우이다. "컵 가져오고 수건 걸어", "손을 펴고 무릎을 구부려"와 같이 해야 할 대상도 2개, 따라야 할 동사도 2개이다.

보통 3단계까지 이르면 아이들은 대부분의 지시 따르기가 가능하며 지시를 기억하는 능력 또한 생겼다고 볼 수 있다. 3단계 지시가 수행되지 않는 아이들은 "컵 가져와서 담아"라는 지시어에 컵만 가져오거나 "손가락과 발가락을 펴"라는 지시어에 손가락만 펴기도 한다. 4단계 지시가 잘 수행되지 않는 아이들은 "컵 가져오고 포크 가져다 놔"라고 했는데 포크를 가져오거나 "손을 펴고 무릎을 구부려"라고 했는데 손만 펴기도 한다. 이렇듯 지시 따르기와 심부름의 수행 정도는 아이들의 언어능력을 알아보는 중요한 척도가 될 수 있다.

물건의 기능을 알려주는
놀이를 하세요

아이들은 대부분 처음에는 단어를 몸짓 언어로 표현한다. 그 몸짓 언어를 가만히 살펴보면, 그 물건의 쓰임새나 사용 방법을 표현한 것이 많다. 예를 들어 "따르릉"이라는 전화 소리를 내면 아이는 전화기 장난감이나 자신의 손을 귀로 가져다 댄다. "빗자루 어디 있지?" 하고 찾으면 아이는 빗자루로 바닥을 쓰는 흉내를 낸다.

아이들은 어른들의 행동을 모방하는 방법으로 몸짓 언어를 하고, 자신이 잘 알지 못하는 단어일 때도 몸짓 언어로 그 물건을 설명하는 경우가 많다. 또 원하는 것이나 하고 싶은 욕구를 몸짓으로 표현하기도 한다. 목이 마를 때 아이는 자신의 손을 활용해 컵 모양을 만들고 마시는 시늉을 한다. 무언가를 먹고 싶을 때는 엄마 손을 잡고 냉장고 앞으로 가서 그것을 두드리거나 열어달라고 손가락으로 가리킨다.

아이가 사물의 이름을 말할 수 있는 것도 중요하지만, 사물이 어떤 기능을 하는지 즉 어떻게 사용하는지 아는 것도 중요하다. 따라서 세탁기는 "빨래를 빠는 것", 물뿌리개는 "화분에 물을 주는 것", 컵은 "물을 따라 마시는 것"이라는 것을 아는 것은 물건이 어떻게 쓰이는지 그 기능을 잘 안다는 점에서 중요하다. 사물의 기능은 곧 우리가 일상 생활에서 이것을 어떻게 쓰는가, 어떻게 활용하는가의 영역이기 때문에 말을 제대로 못 하는 아이의 경우 몸짓 언어로 사물을 표현하는 정도가 언어 발달의 중요한 체크 포인트가 되기도 한다.

혹은 반대의 경우도 있다. 사물의 기능은 알면서 그 사물의 이름은 정확하게 말하지 못하는 경우다. 소꿉놀이를 하다가 미끄럼틀을 가지고 노는 아이에게 "이거 뭐야?"라고 물었을 때 "올라가서 슈웅~ 하고 내려오는 거"라고 말하는 아이도 있다. 이름을 정확하게 말해달라고 요구하지만 아이는 그 이름을 말하지 못하고 "슈웅~"이라는 말만 되풀이한다. 이럴 때는 다른 설명을 덧붙이기보다 "미끄럼틀"이라는 정확한 이름을 알려주어야 한다.

아이가 동작으로만 표현한다면 말로 표현해주는 것이 좋다. 아이가 병을 들고 마시는 시늉을 하면 "우유 마셔?" 이렇게 물어보거나 청소를 하는 엄마를 따라 바닥을 닦는 행동을 하면 "청소하는구나", "바닥을 닦는구나" 하면서 아이가 하는 행동이 무엇인지 말해주는 것이다. 그러면 아이는 자신의 행동이 어떻게 말로 표현되는지 배울 수 있다.

이렇듯 아이가 사물의 기능은 아는데 그것을 단어로 설명하지 못하는지, 단어는 아는데 기능은 잘 모르는지에 따라 언어적 자극을 제시하는 방법이 달라져야 한다. 우리는 언어적으로 '명칭'과 '기능' 두 가지다 잘 알고 있어야 하므로 어느 한쪽을 잘 모른다면 두 가지 모두를 잘 알 수 있도록 촉진해주어야 한다.

몸짓으로 무언가를 잘 표현하는 아이라면 흉내 내기 놀이를 해보는 것도 좋다. 어느 예능 프로그램에 나온 게임처럼 말로는 할 수 없고 몸짓으로 사물을 표현해서 그것을 맞추어보는 것이다. 사물을 알려주려면 기능을 흉내 낼 수밖에 없다. 예를 들어 다리미라면 다림질하는 흉내를 낼 것이고, 청소기라면 구석구석 청소하는 모습을 보여줄 것이다. 이렇게 사물을 흉내 내어서 이름을 맞추는 놀이는 아이에게 자연스럽게 다양한 사물의 기능을 생각하고 떠올리게 할 수 있다.

이러한 자극은 일상생활에서 더 잘 이루어질 수 있다. 아이가 노는 과정, 또는 일상생활의 활동을 즐기는 과정에서 아이에게 자연스럽게 사물의 기능과 이름을 알려주자. 아이가 노는 장난감이나 일상 소품을 가지고 바로바로 알려주는 것이 좋으므로 가장 적절한 시기는 아이가 놀고 있는 바로 그 순간이다.

기본적인 신체 놀이로
몸의 이름을 알 수 있어요

아이들은 자기 몸을 가지고 노는 것을 좋아한다. 누워 있기만 하는 아기일 때도 자기 손을 보며 놀고 발을 움직일 수 있게 되면 입까지 발을 끌어당겨 빨기도 한다. 갓난아기들은 엄마의 쭉쭉놀이(아이의 몸을 죽 잡아당겨주는 스트레칭)나 베이비 마사지를 무척 좋아한다. 아기 때뿐만 아니라 좀 더 자란 이후에도 아이들은 몸으로 놀아주는 활동을 좋아한다. 걷고 뛸 수 있는 나이가 되면 술래잡기나 숨바꼭질을 좋아하고, 아이의 몸을 붕 띄워서 올려주는 비행기 놀이라도 해주면 까르르 웃으며 좋아한다. 오죽하면 장난감보다 몸으로 놀아주라는 말이 유행처럼 번졌을까 싶다.

대근육과 소근육을 활용한 운동과 신체 발달은 생후 12~24개월 아이의 두뇌 발달을 돕는다고 한다. 그래서 많은 학자가 신체 놀이를 하면 아이의 뇌도 발달하고 언어능력도 향상된다고 이야기한다.

아이의 뇌는 연령에 따라 발달한다. 생후 12~24개월 아이는 언어 발달의 정도도 놀랍지만, 걷기만 하던 아이가 달리고 눈과 손의 협응력이 발달하여 양손을 자유롭게 움직이는 등 신체적 발달이 급격히 이루어지는 시기이다. 또한, 운동은 소뇌를 지속적으로 자극해 뉴런을 활성화하고 행동의 발달을 도와 인지력의 발달로 이어진다. 한 실험에 따르면, 달리기를 많이 한 쥐의 신경세포 성장인자가 전혀 하지 않은 쥐보다 훨씬 많이 증가한 것으로 나타났다. 이외에도 신체 놀이를 통한 다양한 신체 접촉은 옥시토신을 분비하게 하여 유대감을 증진하고 집중력과 창의력을 발달시킨다.

신체 놀이를 통해 아이와 유대감을 쌓고 아이의 호기심과 다양한 욕구를 충족시킬 수 있다. 신체 놀이를 할 때는 아이에게 주도권을 주고 놀이에 동참한 부모는 보조적인 역할을 하는 것이 좋다. 이러한 신체 놀이를 통해서 강요나 학습이 아닌 자연스러운 방법으로 아이들에게 언어적 자극을 제공할 수 있다.

신체의 이름을 알려줄 때는 먼저 얼굴의 눈, 코, 입, 귀 위주로 하고, 다음으로 몸의 머리, 어깨, 무릎, 손, 발 정도로 확장시켜 나간다. 그 후에는 좀 더 세부적인 몸의 이름을 알려주는데, 얼굴에서만도 눈썹, 이마, 뺨, 이빨, 입술 등 알려줄 것이 많다.

"눈 어디 있어?", "코 어디 있어?"와 같이 신체 부위에 대한 구체적인 포인팅도 해야겠지만 신체 부위가 어떤 일을 하는지에 대해서도 이야기 나눌 수 있다. 예를 들어 "말하는 곳 어디 있어?", "소리 듣는 곳 어디 있어?" 이렇게 물어볼 수 있다. 더 나아가 "입이 없으면 어떤 일이

생길까?", "귀가 없으면 어떻게 될까?"와 같이 다양한 방법으로 접근할
수 있다.

아이가 좋아하는 인형이 있다면 그것을 활용해도 좋다. 뽀로로 인
형의 눈이 어디 있는지, 손이 어디 있는지 짚어보면 아이의 호기심은
더욱 커질 것이다. 인형과 아이의 코를 똑같이 잡아주면서 "코가 똑같
네", 입을 만지면서 "여기 입이 있네. 뽀로로 입도 여기, 우리 ○○이
입도 여기"와 같이 이야기해주는 것도 좋다.

아이들에게 신체 놀이를 통해 몸의 이름을 알려줄 때 주의해야 할
것은 너무 반복해서 지루하지 않도록 다양한 방법으로 알려주어야 한
다는 점이다. 엄마나 아빠의 몸 혹은 아이의 몸을 활용하는 것도 좋지
만, 게임도 좋고 인형 놀이도 좋고 그때그때 상황에 맞추어 아이에게
신체부위의 이름을 들려줘보자.

동사나 형용사를 알려주려면
직접 보여주세요

　말이 늦은 아이 중 많은 아이가 동사나 형용사를 배우는 데 어려움을 호소한다. 명사가 구체적이고 실체가 명확한 것에 비해 동사는 움직임과 관련된 것이고 형용사는 개념이나 특징에 대한 것이기 때문에 눈에 보이지 않는 개념을 정확한 단어로 말하기는 쉽지 않다. 일상적으로 많이 말하거나 듣게 되는 동사나 형용사조차도 우리 아이들은 받아들이기 어려워하거나 힘들어하는 경우가 많다. 동사나 형용사는 몇 가지만 알아도 명사와 연결하면 2어절 이상의 문장을 만들 수 있을 정도로 쓰임이 많지만 말이 늦은 아이들에게는 최고의 숙제이기도 하다.

　아이들이 동사나 형용사를 어려워하는 것은 당연하다. 아이들은 보통 추상적이고 어려운 개념보다는 쉽고 간단하고 눈에 보이는 개념을 먼저 받아들이게 된다. 그래서 사과를 보면 '모양이 둥글고 색깔은 빨갛고 맛이 새콤달콤한 것은 사과구나'라고 받아들이고, 가방을 보면 '저렇게 생기고 장난감을 넣을 수 있는 건 가방이구나' 하고 알게 된다.

눈에 보이는 사물이기 때문에 받아들이기가 좀 더 수월한 것이다.

그런데 말 그대로 움직임을 뜻하는 동사는 안 그래도 어려운 개념인데다 단어카드에 나와 있는 그림은 '멈추어져 있는 고정 동작'이기 때문에 어떻게 그 개념을 받아들여야 할지 아이들은 막막하기만 하다. 그래서 많은 아이가 명사보다는 동사를 어려워하고 형용사, 부사 등을 더 어려워한다.

아무리 단어 카드를 정교하게 잘 만든다고 해도 그림만 보고 '걷다'와 '뛰다'를 명확하게 구별하기란 쉽지 않다. 따라서 동사를 알려줄 때는 함께 움직이거나 인형 등으로 보여줌으로써 경험하게 하는 것이 가장 좋다. "앉아"를 알려줄 때는 의자에 앉아보고, "먹어" 하면서 음식들을 실제로 먹어본다. "걸어" 할 때는 걸어보고, "뛰어" 하면 실제로 뛰어보는 것이다. 활동성이 좋은 남자아이들은 동사를 배울 때 실제로 해보는 것이 훨씬 효과적이다.

그러나 모든 동사를 실제로 해볼 수는 없으므로 행동을 대입해볼 수 있는 인형과 같은 매개체를 활용해보는 것도 방법이다. 자신의 몸을 움직이는 것보다 인형을 움직여서 노는 것을 좋아하는 아이들, 특히 여자아이들에게 효과적인 방법이다. 어른들 생각에는 관절이 꺾여서 더 다양한 자세가 가능한 인형이면 좋겠지만 사실 무엇보다 좋은 매개체는 아이가 가장 좋아하는 인형이다. 인형과 함께 걷는 동작, 뛰는 동작, 먹는 동작 등 다양한 동작을 해보면서 아이는 동사를 배워간다.

동사를 배운 후에는 실제로 아이가 해보는지 확인해볼 수 있다. 예를 들어 "뛰어"와 "걸어"를 함께 해보면서 동사의 개념을 알게 되었다면, 아이에게 "뛰어"와 "걸어"를 해보도록 유도해보는 것이다.

우리 말에는 너무도 많은 동사가 있어서 아이들이 모든 것을 다 해보지는 못할 수 있다. 그러나 아이가 일상생활에서 자주 쓰는 동사를 정확히 개념화할 수 있는 것만으로도 언어능력이 크게 향상될 수 있다.

이와 비슷하게 '크다/작다', '높다/낮다'와 같은 개념도 어렵기는 마찬가지다. 아이들에게 이러한 개념들이 막연하게 느껴지는 것은 "이러이러한 것은 '크다'라고 하자. 그리고 상대적으로 반대는 '작다'라고 하자"와 같이 구체적이지도 않은 개념을 '약속'한 것이기 때문이다. 따라서 "이러이러한 것은 크다고 해"라고 아무리 말로 설명해주어도 아이들에겐 막연할 수 있다. 게다가 크기는 상대적인 개념이라 같은 물건이라 해도 무엇과 비교하느냐에 따라 크고 작고가 달라지니 안 그래도 막연한 개념이 더 어려울 수 있다.

이러한 추상적인 개념을 알려주기 위해서는 구체적인 물건들이 필요하다. 예를 들어서 '큰 풍선'과 '작은 풍선' 두 가지를 놓고 '크다/작다'를 설명할 수 있다. '긴 막대'와 '짧은 막대'를 두고 '길다/짧다'를, '두꺼운 책'과 '얇은 책'을 두고 '두껍다/얇다'를 알려줄 수 있다. 추상적인 개념은 구체적인 물건에 대입시켜서 직접 눈으로 보여주어야 아이들이 쉽게 받아들인다.

그래서 또 많이 사용하는 방법이 비유하여 설명하는 것이다. "토끼처럼 빠르다", "거북이처럼 느리다", "아빠처럼 크다", "아기처럼 작다",

아이의 언어능력

"돼지처럼 뚱뚱하다", "젓가락처럼 날씬하다"와 같이 개념을 떠올렸을 때 생각나는 단어를 연결해 설명하는 것이다.

일반적으로 아이들은 상대적인 두 개념 중에서 하나를 먼저 파악하며, 보통 '길다', '크다', '두껍다'와 같은 개념을 먼저 파악하는 경우가 많다. 아이들이 받아들이는 개념은 상대적이기 때문에 '작다'보다 '크다'를 먼저 받아들인다고 해도 문제는 없다. 이후에라도 '작다'를 상대적인 개념으로 받아들일 수 있도록 지속해서 알려주면 된다. 결론적으로 '크다/작다'는 상대적인 개념이지만, 어느 것이든 먼저 받아들이는 단어가 생기고 나중에는 하나의 세트처럼 그 말을 인식하게 된다.

가족 사진과 물건으로
소유의 개념을 알려주세요

아이에게 '내 것'이라는 소유의 개념이 생기는 것은 언제부터일까? 아기들은 손으로 물건을 잡을 수 있어서 입 안에 넣어 빠는 개월 수만 되어도 그것을 가져가거나 빼앗으면 울거나 짜증을 내는 반응을 보인다. 이것만으로 정확하게 소유의 개념이 있다고 보기는 어려울 수 있지만, 아이가 손에 쥔 것에 욕심이 생겼다는 것은 분명해 보인다.

아이들은 자기 주변의 물건들을 다 자기 것인 양 가져오려는 성향이 있다. 누구 것인지 신경 쓰지 않고 자기 손에 다 넣으려고 한다. 아직 아기들은 자기중심적인 사고가 중심에 있기 때문이다.

그리고 조금 더 자라면 다른 사람에 대한 인식이 생기기 시작하면서 가족이 사용하는 물건에도 관심을 보인다. 아빠가 매는 넥타이나 양복, 엄마가 얼굴에 바르는 화장품이나 하이힐, 누나나 언니가 좋아하는 스케치북이나 색연필, 형이나 오빠가 가지고 노는 축구공이나 인라인스케이트 등 자신이 사용하지 않는 것으로 관심이 확대된다.

３~4살 정도만 되어도 가족의 물건에 대한 구분도 가능해진다. 아빠 양말을 주며 신으라고 하면 자기 것이 아니라며 싫어하고 엄마의 구두를 신어보거나 립스틱을 발라보며 멋쩍어하는 아이의 모습을 볼 수 있는 것은 아이가 그것이 자기 것이 아닌 것을 인지하고 있기 때문이다.

소유의 개념은 가족 관계 안에서 가장 쉽게 배울 수 있다. 따라서 가족의 명칭과 함께 "아빠 거, 엄마 거"를 말할 수 있다면 내 것과 내 것이 아닌 것에 대한 분류의 개념이 생긴 것으로 볼 수 있다. '내 것이 아닌 것'에서 '○○ 거'라는 더 구체적인 분류의 개념까지 생기면 그보다 한 단계 더 성장한 것으로 볼 수 있다.

이르게 어린이집이나 유치원에서 사회생활을 시작하는 아이들은 의도하지 않게 어린이집에서 물건을 들고 오기도 하고 다른 친구의 장난감을 가져오기도 한다. 양보하기가 어려워서 서로 싸우는 일도 많다. 자신의 것과 다른 사람의 것을 명확하게 구분하지 못하고 모두 다 자신의 것이라고 생각하는 경향이 있기 때문이다. 아직 어린 아기라면 이런 태도에 대해 너무 많이 염려할 필요 없다. 하지만 '나의 것'과 '나의 것이 아닌 것'에 대한 구분을 명확히 해주지 않으면 아이들끼리 다툼이 생길 수 있으니 관심을 가지고 조정해줄 필요는 있다.

엄마 아빠 놀이를 하며
다양한 행동을 유도할 수 있어요

아이들이 가장 많이 하는 놀이 중 하나가 엄마 아빠 놀이이다. 특히 요즘은 소꿉놀이나 다양한 가사 활동(청소, 빨래, 아기 돌봄)이 가능한 장난감들이 많이 나와서 더욱 풍성하게 엄마 아빠 놀이를 할 수 있다. 굳이 장난감이 아니어도 아이들은 일상생활의 냄비나 조리 도구 등을 이용해서 노는 것을 정말 좋아한다.

이런 엄마 아빠 놀이가 언어적으로 많은 것을 알려줄 수 있고 설명해줄 수 있는 수단이 된다. 아이들은 엄마 아빠 놀이를 통해서 엄마와 아빠를 모델링한다. 목소리를 흉내 내기도 하고 어투를 따라 하기도 하고 때로는 엄마 아빠가 하는 행동을 모방하기도 한다. 행동이든 단어든 여러 가지를 모방하고 새로운 놀이도 만들어낸다. 측면에서 엄마 아빠 놀이는 중요한 의미를 가진다. 아이들은 보통 행동의 모방을 먼저 시작한다. 행동을 충분히 모방하고 나면, 말의 모방도 가능해진다. 행동의 모방이 잘 이루어진다는 것은 다양한 방법으로 언어 습득도 이

아이의 언어능력

루어질 수 있다는 뜻이다.

아이들은 엄마 아빠 놀이를 통해서 다양한 역할을 할 수 있다. 때로는 엄마처럼 아기에게 우유를 먹이기도 하고, 식탁에 다양한 음식을 차려서 손님에게 대접하기도 한다. 주방 놀이 장난감 앞에서 계란후라이를 하거나 토스트를 만드는 시늉을 하기도 한다. 아기인형을 포대기로 업고 토닥토닥 잠을 재우기도 한다.

이렇듯 자신이 아닌 누군가가 되어보고, 누군가가 되어서 다른 사람들과 관계를 만들 수 있는 것이 바로 엄마 아빠 놀이이다. 주방 놀이나 소꿉놀이와 같이 역할 놀이가 가능한 장난감들을 가지고 있다면 얼마든지 가지고 놀게 하는 것이 좋다.

때로는 순서를 정해서 놀게 할 수도 있다. 언어가 늦은 아이들은 시퀀스Sequence를 구성하는 능력이 부족한 경우가 많다. 따라서 중간중간 과정을 알려주고 이것을 시퀀스화하는 것이 필요하다. 예를 들어 세탁기 장난감이라면 '빨래를 넣고, 세제를 넣고, 세탁기를 돌리고' 다 끝나면 '세탁기에서 빨래를 꺼내고, 빨랫대에 너는' 순서가 있다. 이 순서를 알려주고 순서대로 놀게 하는 것이다. 이런 과정을 반복하다 보면, 순서라는 개념을 다른 놀이에도 활용하게 된다.

많은 장난감이 필요한 것은 아니다. 집에서 사용하는 안전한 조리도구들로도 충분히 역할 놀이가 가능하다. 국자나 냄비, 숟가락, 그릇 등 깨지지 않는 것들이라면 무엇이든 활용할 수 있다. 그 자체만으로도 아이들에게는 훌륭한 놀잇감이 된다. 아이들이 큰 그릇에 국자로

바둑알을 넣고 젓고 있다면 "뭐 만들 거야?", "누구 주려고 만드는 거야?"와 같이 다양하게 물어볼 수 있다.

또, 굳이 청소 놀이나 세탁기 장난감을 사지 않더라도 엄마가 빨래할 때 같이 빨래를 세탁기에 넣어보고, 청소할 때 청소기를 밀어보거나 걸레로 바닥을 닦는 활동을 해보는 것이 좋다. 이런 일상적인 놀이 속에서도 "빨래를 세탁기에 넣자", "청소하자", "바닥을 닦으려면 무엇이 있어야 할까?"와 같이 언어적으로 자극할 질문들은 무궁무진하다.

슈퍼마켓 놀이, 병원 놀이로 다양한 역할을 배울 수 있어요

어린아이들이 자주 가는 곳 중 하나가 슈퍼마켓(상점, 시장)과 병원이다. 따라서 집이 아닌 다른 공간을 가정하고 이루어지는 슈퍼마켓 놀이와 병원 놀이는 대표적인 역할 놀이라고 할 수 있다. 가정이 아닌 공간에서 이루어지는 역할 놀이는 다양한 언어적 경험을 제공한다.

이 시기의 놀이는 다른 사람이 참여하여 함께하는 과정이 된다는 점에서 의미가 있다. 요리를 하더라도 누군가를 위해서 요리하고, 누군가의 생일을 축하해준다. 그래서 아이들이 좋아하는 장난감 중의 하나가 초나 과일을 꽂을 수 있는 생일케이크 모형과 요리 도구가 들어 있는 장난감이다.

슈퍼마켓으로 대표되는 가게 놀이는 다양한 물건 중에서 몇 가지를 고르고 그것을 계산하는 과정이 포함되어 있다. 누군가를 위해서 혹은 누가 이것을 좋아해서 등 물건을 사는 이유도 다양하다. 그리고 물건의 가격을 묻고 계산하고 때로는 '비싸다', '싸다' 하면서 흥정하는 과정도 이어진다. 그리고 물건을 다 골라서 담은 후 그것을 계산대에서 계산한다. 계산하는 과정에서도 현금으로 내서 거스름돈을 받을지, 카드로 결재할지 선택할 수 있고, 비닐 봉투에 담아주는지 가져온 시장바구니에 담아가는지에 대한 질문과 답도 있다.

때로 아이는 물건을 파는 사람이 되기도 하고 물건을 사는 사람이 되기도 한다. 이러한 과정을 세부적이고 창의적으로 만들 수 있고 상황적으로 확장시킬 수 있는 아이라면 언어적으로도 인지적으로도 많이 성장한 아이일 것이다.

병원 놀이에는 아이가 직접 병원에서 경험한 다양한 문답과 상황들이 포함되어 있다. '어디가 아파서 왔는지', '어느 병원으로 가는지'부터 '열을 재고 의사를 만나고 주사를 맞고 약을 타는' 일종의 스토리가 있어서 아이의 수준에 맞는 다양한 형태의 언어 자극이 가능하다. 특히 열이 나서 왔는지, 배가 아파서 왔는지, 이가 아파서 왔는지, 다리가 부러져서 왔는지에 따라 다양한 스토리를 만들 수 있어서 아이들이 좋아하는 활동이다.

아이는 의사가 되기도 하고 때로는 환자가 되거나 인형을 활용해서 환자를 데리고 간 보호자 역할을 할 수도 있다. 병원은 특수한 공간이기는 하지만 아이들이 아플 때마다 가는 익숙한 공간이기 때문에 좀 더 놀이가 자연스럽게 이루어질 수 있다.

언어치료 현장에서는 때때로 인지나 발달이 늦은 아이들을 대상으로 실제 상황에 대한 연습을 목적으로 이런 놀이를 하기도 한다. 말이 늦고 인지가 늦은 아이들일수록 장면을 구분하고 연결시키는 과정이 자연스럽게 이루어지지 않는다. 따라서 이런 목표가 있다면 상황을 단순화할 필요가 있다. 예를 들어 슈퍼마켓이라면 '사과를 사는 상황'이라는 한 가지에서 출발해 두세 가지 정도로 압축해서 물건을 사보는 연습을 시키고 거스름돈을 받는 것까지 실제로 일어날 것이 예상되는 상황과 연결하여 활용할 수 있다. 장면장면을 나누어서 연습해보는 것이다.

어린 아이라면 소꿉놀이 등을 활용할 수 있고 조금 더 큰 아이라면 상황을 나타내는 그림카드나 사진을 활용할 수 있다. 어떤 보조수단을 활용하든 분명한 것은 아이의 수준에 맞는 쉬운 상황에서 시작해 여러 가지 어려운 상황으로 이어지도록 점차적으로 확대해서 진행되어야 한다는 것이다. 처음에는 '사과를 골라요', '사과를 바구니에 담아요', '계산해요', '집에 들고 와요'와 같이 4가지 정도의 장면으로 나누는 것도 방법이다. 그랬다가 '사과와 배를 산다'거나 '돈을 내고 거스름돈을 받는다'와 같이 경우의 수를 점차 늘려가는 것이다.

3장

6세 이상

다양한 활동으로 언어를
확장할 수 있어요

단어 찾기 게임,
모르는 단어를 재미있게 짚고 가요

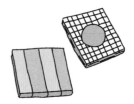

이 시기 아이들은 이미 많은 단어를 익히고 배웠다. 하지만 여전히 알아야 할 단어는 너무 많고, 우리말은 어려운 한자어도 많다 보니 모든 단어를 알기란 쉬운 일이 아니다. 특히 언어 발달이 느린 아이들은 단어를 빨리 파악하고 그 뜻을 유추하고 사용하는 능력이 상대적으로 떨어질 수밖에 없다. 그렇다고 학습적으로 아이들에게 단어를 알려주는 것은 분명 한계가 있다. 나올 때마다 단어 뜻을 외울 수도 없으니 말이다.

아이가 단어를 가장 많이 접하고 배울 수 있는 곳은 유치원이나 학교, 또는 책과 미디어를 통해서이다. 유치원이나 학교 등 단체 생활에서는 '학습'적인 방법으로 아이들에게 많은 정보를 제공한다. 그리고 방과 후에는 책을 읽거나 미디어를 통해서 다양한 단어를 접하고 사전처럼 정확하게 설명하진 못해도 대략적인 뜻을 알게 된다.

사실 미디어보다는 책을 이해하는 것이 훨씬 더 고차원적인 능력을 필요로 한다. 미디어는 거의 직접적인 상황을 장면으로 보여주고 예능 프로그램의 경우 상황을 압축적으로 정리한 자막까지 보여주는 데 반해, 책은 그때그때 설명해주는 상황을 '행간의 의미'를 읽으며 내용을 상상해야 하기 때문이다.

하지만 말이 늦은 대부분 아이는 새롭게 배우는 단어를 습득하는 능력이 다른 아이들보다 부족하고 단어들을 빨리 받아들이지 못하는 단점이 있다. 그렇다 보니 결국 언어적인 지연으로 연결된다.

이런 아이들에게 단어의 뜻을 알려주는 방법으로 택하는 것 중 하나가 게임이나 퀴즈 형식으로 호기심을 불러일으키는 것이다. 예를 들어 '시계'라는 단어를 아이에게 가르쳐준다고 하자. 처음에는 엄마가 내는 문제가 뜻하는 단어의 이름을 아이가 맞히게 한다. "우리에게 시간을 알려주는 것은 무엇일까?" 이렇게 말이다. 이때 처음에는 아이가 도전하기 쉽게 문제를 내는 것이 중요하다.

이렇게 직접적인 힌트를 주었을 때 문제를 잘 맞춘다면, 그다음 순서는 스무고개처럼 여러 가지 과정을 거쳐 답을 맞히게 하는 것이다. "이건 우리 집 거실에 있어", "모양은 둥근 것도 있고 네모인 것도 있어", "아빠가 아침마다 이걸 보고 바쁘게 움직여", "똑딱똑딱 소리를 내", "시간을 알려줘" 이런 식으로 말이다.

아이가 정답을 잘 맞힌다면 이번에는 아이가 문제를 내보도록 한다. 아이가 정말 단어의 뜻을 잘 아는지 확인할 수 있고, 아이 스스로 그 사물의 모양이라거나 쓰임새라거나 여러 가지를 생각해볼 수 있는 좋은 기회가 된다.

별다른 준비물이 없이도 어디서나 할 수 있는 놀이 중의 하나는 끝말잇기이다. 끝말잇기는 단어를 생각하고 말하는 순발력을 볼 수 있는 게임이다. 처음에는 단어를 생각하기 어려워하던 아이들도 시간이 지남에 따라 조금씩 자연스럽게 단어를 말하는 것을 확인할 수 있다. 그리고 끝말잇기를 여러 번 해본 아이들은 어려운 단어들도 곧잘 말하고, 새로운 단어도 금세 떠올린다.

부모가 직접 만들 수 있거나 혹시 구할 수만 있다면 십자말풀이와 같이 가로세로 열쇠가 있는 단어 퀴즈도 좋다. 가로세로 퀴즈는 한 음절의 힌트가 있기 때문에 아이가 흥미를 가지고 단어의 뜻을 생각하고 맞힐 수 있다는 장점이 있다. 부모는 아이가 어떤 단어를 잘 모르는지 알고 있으므로 그 점을 활용해 부모가 직접 만들어보는 것도 효과적인 방법이다.

여행지에서 찍은
가족사진을 보며 질문해요

말이 늦은 아이들은 보통 의문사에 대한 대답을 어려워한다. 의문사란 '누가', '어디', '무엇', '언제', '어떻게', '왜' 등 우리가 흔히 5W1H라고 하는 것이다. 의문사를 이해한다는 것은 상대방의 질문에 대답할 수 있다는 것이고, 문장으로 능숙하게 만들 수 있다는 뜻이기도 하다. 그런데 말이 늦은 아이들은 의문사에 대답하기 어렵다 보니, 자기 말만 늘어놓을 수밖에 없다. 상대방의 말에 적절한 대답을 할 수 없으면 질문과 대답의 수준이 떨어지게 되면서 대화 자체가 점점 더 어려워진다.

의문사 중에 가장 쉬운 것이 "누구"와 "무엇"에 대한 것이다. "누구야?", "뭐야?"는 어릴 때부터 수없이 듣는 의문문이기도 하다. 그리고 구체적인 사물을 지칭하기 때문에 쉽게 느껴진다(누구—아빠, 엄마, 할아버지, 할머니 등, 무엇—구체적인 명사). '어디'와 같은 경우도 학교, 백화점, 시장, 유치원 등 구체적인 대상을 지칭하기 때문에 어렵지 않게 접근할 수 있다. 하지만 '언제'는 추상적인 시간 개념이 포함되기 때문에 쉽지 않고, "어떻게?"나 "왜?"는 듣는 사람의 생각이 많이 필요하다는 측면에서 언어가 늦은 아이들에게는 상대적으로 가장 어려운 질문이다. 특히 "왜?"는 원인과 결과 같은 인과관계를 파악할 수 있어야 하므로 마지막까지 많은 연습이 필요한 질문이기도 하다.

의문사로 아이와 대화할 때 마땅한 매개체가 없어서 고민될 때가 있다. 그럴 때는 책의 한 장면을 펼쳐놓고 아이와 대화를 나누며 의문사에 대한 대답을 유도해보자. 아이가 좋아하는 책이 있다면 더욱 좋다. 뽀로로를 좋아하는 아이와 뽀로로 책에서 뽀로로와 크롱이 자고 있는 그림을 본다면 "누가 있어?", "어디에서 자?", "지금 언제야? 밤이야, 낮이야?", "뽀로로가 무엇을 안고 자고 있어?"와 같은 다양한 질문으로 아이의 답변을 유도할 수 있다.

책이나 그림을 이용하는 것도 좋지만 가장 훌륭한 매개체는 경험이다. 그중에서 가족과 함께한 체험은 공감대가 있다는 점에서 정서적으로 아이와 부모를 연결하는 좋은 고리가 된다. 밖으로 뭔가 찾아 나서지 않더라도 집에서 아이와 클레이 놀이를 했다거나 동네 놀이터에서 놀았다거나 목욕탕에서 비눗방울 놀이를 했다거나 하는 모든 활동이 소중한 추억이 된다.

아이들의 유치원이나 학교 생활도 좋은 이야기 주제지만, 엄마가 속속들이 알기는 어려워 그것을 바탕으로 이야기를 전개하는 데는 분명 한계가 있다. 아이가 "몰라", "묻지 마" 이렇게 말하면 대화가 끊어지기 마련이고, 아이가 이야기를 지어내거나 단순화해도 엄마는 그 상황을 알지 못하기 때문에 그냥 넘어갈 수밖에 없다. 유치원이나 학교에서 선생님이 찍은 사진을 보아도 단순한 문답밖에 할 수 없는 경우가 많다. 특히 말이 짧은 남자아이라면 정말 엄마가 답답할 노릇인 경우가 많다.

하지만 가족과 함께 한 여행이나 체험은 다르다. 가족이 함께 체험했기 때문에 공통의 관심사가 있고 기억하고 있는 현장도 비슷하다. 기념할 만한 곳에서 가족과 찍은 사진, 아이의 활동이나 밝게 웃는 모습을 담은 사진을 함께 보면 아이도 부모도 이야기할 거리가 많을 수밖에 없다.

언어치료 과정에서 많이 활용하는 것 중 하나가 바로 이러한 사진들이다. 가족사진은 훌륭한 언어치료의 도구가 될 수 있다. 사진을 보며 아이와 도란도란 이야기하면서 의문사를 활용해주는 것만으로도 좋은 언어 자극이 된다. "사진에 있는 게 누구야?", " 우리 어디 갔었지?", "무엇을 타고 갔었지?", "언제 도착했지?"와 같이 사진 한 장을 놓고 나눌 수 있는 대화는 무궁무진하다. 만약 의문사에 대한 대답이 명확하지 않은 아이라면, "이게 뭐야?", "어디야?"와 같이 의문사를 포함한 문장을 짧게 해주는 것도 좋은 방법이다. 다만 의문사 사용이나 대답이 익숙하지 않은 아이의 경우, 충분한 부모 모델링이 필요하다.

글씨를 쓰거나 그림을 그릴 줄 아는 아이라면, 일기를 쓰게 해보자. 말이 늦은 아이들은 대부분 자신의 경험을 다시 말하는 데도 미숙하다. 그러나 그것을 '다시 말하기'는 어려워도 그림으로 그리는 것은 가능할 수 있다. 그림을 그려서 자신의 경험을 표현하고 그것을 통해 의문사로 표현할 수 있다. 그림은 사진보다 좀 더 간접적인 매체라는 점에서 더욱 의미가 있다. 아이들은 잘 그리지는 못해도 엄마 아빠의 모습을 특징 있게 그려낸다. 아빠가 안경을 꼈다거나 엄마가 귀걸이를 끼고 치마를 입었다거나 다양한 방법으로 엄마와 아빠의 특징을 묘사한다. 이렇게 엄마 아빠를 모델링할 수 있는 것만으로도 아이가 인지적으로 자랐다는 것을 알 수 있다. 아이가 동그라미로 엄마 아빠를 표현했다고 해도 격려해주고 "이게 누구야?", "지금 어디야?"와 같이 질문으로 아이의 답을 유도해야 한다.

아이가 글자를 쓸 줄 안다면, 경험을 글로 표현해보게 하는 것도 좋은 방법이다. 말로 혹은 글로 표현하는 것은 처음에는 부모의 모델링이 필요할 수 있지만 아이 스스로 자신의 경험을 정리하는 과정이므로 매우 유익하다. 이 과정을 잘 경험한 아이들은 어디에서나 자신의 경험을 말할 수 있다. 이때 아이가 표현하는 말이나 글은 아이의 언어 수준을 반영하므로 수정해줄 때 아이의 언어 수준에 비해 지나치게 쉽거나 어려운 표현을 쓰는 것은 피해야 한다.

아이와의 소중한 경험을 담은 사진이나 그림으로 아이의 언어 발달을 촉진할 수 있다. 같은 경험을 가지고 이야기를 나누는 것이기 때문에 모델링도 쉽고 자연스럽다. 조금 힘들고 번거롭겠지만, 여행이나 체험 뒤에는 아이와 이야기를 나누면서 언어 자극을 해보자.

발음 근육을 자극하는
다양한 방법을 활용해요

이 시기가 되면 많은 부모는 아이의 발음에 신경을 쓰게 된다. 발음 문제로 언어치료실에 가장 많이 찾아오는 시기가 바로 이때이다. 발음 자체가 문제인 아이부터 말이 늦으면서 발음에도 문제가 생긴 경우까지 다양하다. 발음에 문제가 있으면 단어 수준으로 말할 때는 그래도 잘 알아들을 수 있지만, 문장의 길이가 길어질수록 아이가 하는 말을 알아듣기 점점 힘들어진다. 발음에 문제가 생기면 아무리 말을 잘하는 아이라도 소통이 잘 이루어지지 않기 때문에 신경이 쓰일 수밖에 없다.

발음을 이야기할 때 보통 '정확도'와 '명료도'로 설명할 수 있다. 정확도는 음성학적으로 정확한 발음이다. 발음기관이 완벽히 정확하게 움직여서 음성학인 기계로 측정했을 때도 매우 정확하게 들리는 경우를 말한다. 명료도는 아주 정확한 소리는 아니지만 일반적으로 그 소리로 알아들을 수 있는 정도를 말한다. 예를 들어 '사과' 발음을 정확하게 했을 때 이것은 '정확하다'고 표현할 수 있다. 그런데 같은 '사과' 발음을 외국인이 하거나 감기가 들어 코가 막힌 채 발음했다면 정확도는 떨어질 수 있지만 그 말을 '사과'로 알아듣는 데는 크게 무리가 없다. 아주 비슷한 소리 정도로 요약될 수 있는 이것이 바로 명료도이다.

발음이 잘 안 되면 아이는 의사소통에 대한 실패 경험으로 인해서 좌절감을 겪게 된다. 그래서 발음이 나쁜 아이일수록 우리는 정확도보다는 명료도, 즉 남이 알아들을 수 있는 소리를 낼 수 있도록 도와줘야 한다.

본격적인 발음 훈련 전에 확인해야 할 것은 아이의 발음기관 기능이나 운동 상태 그리고 청각적인 문제, 인지적인 문제가 없는지 하는 것이다. 예를 들어 구개파열이 있거나 아래턱이 지나치게 비정상적으로 돌출된 경우, 비염이 지나치게 심해서 항상 코맹맹이 소리를 내는 경우 발음에 어려움이 있는 것은 당연하다. 뇌나 운동신경에 손상이 있어서 아이가 혀나 입술을 움직이거나 씹는 데 어려움이 있다면 발음이 부정확할 수밖에 없고, 청각적인 문제가 있어서 제대로 소리를 듣지 못한다면 발음이 어려울 수밖에 없다. 인지적으로 모방 능력이 떨어진다면, 정확한 발음을 들려주고 입 모양을 아무리 모델링해도 아이가 제대로 받아들이지 못하기도 한다.

부모들이 가장 많이 하는 실수 중의 하나가 발음을 가르치기 위해 지나치게 특정 단어를 계속 반복시키는 것이다. 만약 자존감이 높은 아이라면, 발음이 틀려서 자꾸 시킨다는 것을 알고 나중에는 그 발음을 아예 하지 않으려고 하는 경우도 생긴다. 그래서 어린 나이일수록 발음을 교정할 때 아이가 의식하지 못하도록 주의가 필요하다.

아울러, 아이가 '사과' 발음을 못 한다고 해서 '사'와 '과'로 쪼개서 무의미한 음절 하나하나를 발음하도록 가르치기도 하는데, '사'와 '과'를 각각 잘 발음한다고 해도 그것을 합친 '사과'를 제대로 발음할 수 있는 건 아니다. 아이에게 정확한 발음을 가르칠 때는 그냥 '사과'로 가르쳐야 한다.

발음 훈련은 전문가의 도움이 필요한 영역이다. 따라서 발음에 문제가 있다고 여겨지면 전문가의 도움을 받는 것이 가장 좋다. 발음하는 방법이 굳어지면 고치기 매우 힘들다. 그래서 아이들도 발음 훈련 과정을 매우 어려워한다.

아이들도 싫어하고 부모들도 힘들어하는 발음 훈련을 쉽고 재미있게 집에서 할 수 있는 몇 가지 방법이 있다. 노래를 좋아하는 아이들은 노래를 부르고, 숫자를 좋아하는 아이들은 숫자를 세는 것이다. 하나부터 열까지 혹은 더 세도 좋다. 영어를 좋아한다면 "원, 투, 쓰리, 포…" 하면서 세어본다. 숫자는 복잡하지 않은 모음에 종성까지 모두 포함된 짧고 쉬운 단어들로 되어 있다.

책이나 신문 등 인쇄매체를 소리 내어 읽는 것도 좋은 방법이다. 발음을 위해서라면 눈이 아닌 소리를 내어 읽어야 한다. 발음 치료를 위해 책을 활용할 때는 줄글로 된 것보다는 아기들이 읽는 리듬감 있고 짧은 형태의 쉬운 책이나 동시가 좋다.

발음이 안 되는 아이들 중 많은 수가 혀나 입술의 움직임이 둔한 경우가 많다. 혀를 잘 움직일 수 있게 하는 다양한 방법이 있다. 입술 위에 요플레나 초콜릿을 바르고 그것을 혀끝으로 먹게 하거나 혀를 앞으로 죽 내밀었다가 양옆으로 움직여본다. 입술을 오므렸다 벌렸다 하면서 뽀뽀하는 시늉을 하는 등 입술을 자연스럽게 움직일 수 있도록 유도한다.

씹는 과정을 통해 입안의 근육을 계속해서 움직이게 하는 방법도 있다. 껌이나 마이쭈 같은 캐러멜, 오징어포나 쥐포, 혹은 아이가 고기를 좋아한다면 쇠고기나 돼지고기 구운 것도 괜찮다. 이때 활용하는 매개체는 빨아 먹지 않고 씹어 먹어야 하는 것들이다. 입과 혀를 지속적으로 움직임으로써 발음 근육을 자극해야 하기 때문이다.

발음 훈련은 꾸준히 오랜 기간 이루어져야 한다. 부모도 즐겁고 아이도 잘 따를 수 있는 맞춤형 방법으로 아이의 발음 문제를 해결할 수 있으니 인내심을 가지고 아이와 즐거운 훈련 과정을 경험해보면 좋겠다.

아이의 수준에 맞는 책이
최고의 언어촉진제예요

부모가 어릴 때부터 아이들에게 많이 해주는 것 중 하나가 책을 읽어주는 것이다. 모든 것을 경험할 수 없는 아이들에게 책은 최고의 언어 촉진제라고 해도 과언이 아니다. 책은 언어적으로나 문법적으로나 가장 잘되어 있는 인쇄물이기 때문에 아이들에게 활용하기 매우 좋은 아이템임은 확실하다.

그런데 책을 고를 때 부모들은 아이 수준보다 높은 책을 고르고 아이들은 자기 수준보다 낮은 책을 고르는 경우를 종종 보게 된다. 아마 부모에게는 '이 정도는 읽어야지' 하는 기대치가 작용한 것일 거고, 아이들은 '재미있겠다'는 마음이 들 정도로 쉽고 관심 있는 것만 보기 때문일 것이다. 하지만 책을 언어 매개체로 활용하기 위해서는 아이가 좋아하는 분야에서 아이의 수준보다 조금 쉬운 책을 선택하는 것이 중요하다. 지나치게 어려운 책은 아이의 반감만 살 수 있다.

그러면 성장 시기에 맞춰 책을 어떻게 활용할 수 있을까?

영아기

다른 장난감들처럼 책도 입으로 가져가는 시기이기 때문에 헝겊책이나 목욕할 때 쓸 수 있는 비닐책, 두꺼운 보드책 등 찢어지지 않는 소재로 만들어진 책이 많다. 소리 나는 책으로 아이에게 다양한 소리를 들려줄 수 있다. 다양한 촉감이 느껴지는 책이나 블록을 끼울 수 있는 책 한 권으로도 다양한 인지적인 개념을 설명할 수 있다. 누르면 혹은 넘기면 소리가 난다는 것을 깨닫게 됨으로써 아이는 원인과 결과의 상관관계를 인지적으로 깨닫게 된다.

유아기

다양한 동물의 소리와 이름을 책을 통해서 알 수 있다. 자동차나 과일 등 범주화된 책을 많이 보는 시기이기도 하다. 스스로 책을 넘길 줄 알고 책에서 자신이 아는 동물이나 사물이 나오면 자발적으로 먼저 말하기도 한다. 책을 통해 글의 문법을 어느 정도 배우기 시작한다. 어떤 장면에서는 깔깔대며 재미있어하기도 한다. 부모가 읽어주는 책의 내용을 듣기도 하지만 집중 시간은 그리 길지 않다.

아동기

많이 본 책은 스스로 읽거나 구연하는 시늉을 한다. 책 안의 철자를 읽진 못하더라도 엄마를 흉내 내어 스토리를 만들어내는 능력이 생긴다. 조금씩 책의 줄거리를 아주 짧게 정리하는 능력도 만들어진다. 책을 읽은 뒤 장면이 그려진 그림들을 순서에 맞게 놓을 수 있다. 책의 한 장면을 펼쳐 놓고 이야기를 나누며 다양한 질문을 주고받을 수 있다. 부모가 읽어주는 책의 내용에 꽤 오랫동안 집중할 수 있다. 자신이 좋아하는 분야가 생기고 한 권을 여러 번 읽는 일도 잦다.

학령기

책을 통해서 다양한 지식과 정보를 얻게 된다. 소리 내어 읽기가 자연스러우며, 읽는 과정을 통한 발음 훈련이 가능하다. 책의 내용을 다 읽고 여러 가지 내용으로 대답할 수 있으며, 장면별로 정리해서 이야기할 수 있다. 책의 내용에 대한 다시 말하기가 가능하며 자신이 느낀 점을 말할 수 있다. 책에 대한 독서화를 그리거나 독서감상문을 쓸 수 있다.

이렇듯 책은 언어능력을 키우는 전 과정에서 쓸 수 있는 유용한 매체이다. 인공와우나 보청기와 같은 보장구를 써도 건청 아이들만큼의 소리를 듣지 못하는 청각장애 아이들이나 신경적 손상을 입어 표현이 부정확한 뇌병변장애 아이들도 책을 많이 읽는 과정을 통해서 인지적으로 문제없이 자라는 것을 볼 수 있다.

따라서 언어 발달이 늦은 아이일수록 아이가 책을 읽을 수 있도록 관심을 기울일 필요가 있다. 혼자서 읽는 것이 안 된다면 부모가 최선을 다해 읽어주어야 한다.

책을 활용하는 방법도 여러 가지이다. 이때 주의할 점은 아이의 생활 연령이 아니라 언어 연령을 중심으로 책을 선택하고 활용해야 한다는 것이다. 따라서 아이의 연령이 10세여도 언어수준이 5세 정도에 머물러 있다면, 아이의 나이를 5세 정도로 생각하고 책을 활용해야 한다. 그리고 아이의 수준에 따라, 아이의 관심도에 따라 다양한 방법으로 접근해야 한다.

아이가 책에 흥미가 없다면, 책을 읽어주는 부모의 과잉 반응이 필

아이의 언어능력

요하다. 책에 호기심을 느낄 수 있도록 반응을 보여주는 것이다. 책을 들여다보며 "우와~" 하는 반응을 보이는 것만으로도 무관심하던 아이가 "뭐지?" 하는 눈으로 호기심을 나타내게 된다. 무엇보다 책을 통해서 아이의 눈과 마음을 끌어당기는 것이 먼저이다. 책을 통해 지식을 전달하는 것은 그다음 문제이다.

엄마가 먼저 감정을
나타내는 말을 많이 써주세요

유치원에 다닐 나이쯤 되면 대부분 아이는 자기 생각을 말로 표현할 수 있다. 그래서 교육기관에서도 주로 아이들의 참여를 유도하는 수업 방식으로 진행된다. 다 같이 책 한 권을 읽었다면 선생님은 아이들에게 느낀 점을 말해보도록 한다. 그런데 이때 유독 말을 못하고 입을 꾹 다물고 있는 아이들이 있다. "물 주세요" 같은 일상생활에 필요한 말도 할 줄 알고, "생쥐보다 코끼리가 커요" 같은 동사와 형용사의 상대적인 개념까지 이해하지만, 아직 자기감정을 말로 잘 표현하지 못하는 아이들이다.

명사보다 동사 개념이 어렵고, 동사보다 형용사 개념이 더 어렵다. 그중에서도 아이들이 벽에 부딪히는 개념이 감정을 표현하는 어휘들이다. '기뻐요', '슬퍼요'와 같은 감정을 나타내는 어휘들은 너무도 추상적이어서 더욱 쉽지 않다. 언어 발달이 늦은 아이들은 상황에 따라 기분과 마음을 생각하고 그것을 언어로 알맞게 표현하는 과정이 결코 쉽지 않다. 웃는 표정을 보고 '기뻐요', '행복해요'라는 것을 알게 되고, 우는 표정을 보고 '슬퍼요'라는 것을 알게 되었다고 해도 상대방의 표정을 보고 감정을 이입해서 그때그때 상황에 맞추어 이해하는 것은 여전히 어렵다.

아이들은 이러한 감정 어휘들에 어릴 적부터 충분히 노출될 필요가 있다. 그런데 언어가 늦거나 장애가 있는 아이들을 보면 부모가 명사나 동사와 같은 '말'을 가르치기에 바빠서 정작 감정을 표현하는 어휘들은 제대로 알려주지 못한 경우가 많다.

아기 때부터 책을 읽어주면서 "기뻐하네", "슬픈가 봐"와 같이 간단한 문장으로 들려주는 것부터 시작해서 "지금 악어는 어떤 기분일까?", "코끼리가 웃는 걸 보니 기분이 좋은가 봐" 같은 문장 수준까지 이야기를 전달해줄 수 있지만 많은 경우 감정 어휘의 노출 빈도는 낮을 수밖에 없다.

아이가 언어를 배우는 방법은 결국 얼마나 많이 보고 느끼고 경험했는가 하는 노출의 문제이기도 하다. 아이가 감정을 제대로 표현하지 못한다면 감정 어휘에 대한 노출이 부족한 것이 가장 큰 원인일 수 있다. 아이가 많이 컸다고 해도 늦었다고 생각할 때가 가장 빠른 때임을 잊지 말고, 부모가 감정 어휘 사용을 늘려주면서 아이의 감정 어휘 사용을 촉진해주는 것이 필요하다.

처음에는 감정 어휘 사용을 굉장히 단순화하는 것이 좋다. 웃는 얼굴, 우는 얼굴, 찡그린 얼굴 등 몇 가지 표정을 같이 지어보는 것이다.

부모의 모델링도 좋고 그림카드의 표정을 보고 같이 따라 해보는 것도 좋다. 그러면서 그 표정은 어떤 상황인지 단순화해서 이야기해보는 것이다. 웃는 얼굴을 하면서 "기뻐", 우는 얼굴을 하면서 "슬퍼"와 같이 말하는 것이다.

그 후에는 책이나 일상 어휘로 확장해보는 것이 필요하다. 가장 편하게 활용할 방법은 책이나 그림을 이용하는 것이다. 이야기를 들려주면서 책에 나와 있는 그림을 보고 아이에게 "토끼가 웃네", "사자가 우네"로 시작해 "토끼가 지금 기분이 어떨 것 같아?", "그림을 보니까 지금 표정이 어떤 것 같아?" 하고 이야기를 나누는 것이다.

처음에는 '기쁘다', '슬프다'와 같은 몇 가지 감정 어휘만 이야기할 수 있다. 하지만 이러한 과정을 거치다 보면 아이가 사용하는 감정 표현이 점점 다양해질 것이다.

그리고 그때그때 상황에 맞추어 아이들과 감정을 나누어야 한다. "○○가 아프니까 엄마가 슬퍼", "○○가 오늘 생일이라서 너무 기뻐" 이렇게 말이다. 결국, 감정 표현이 느린 아이라면 주변 사람들이 아이 앞에서 감정 어휘들을 의도적으로 많이 써주는 방법밖에 없다. 명사를 배우고 동사를 익히듯이, 몇 번의 시행착오를 거쳐 단어를 알맞은 방법으로 배워왔듯이, 그렇게 감정을 표현하는 어휘들도 엄마의 표정과 아빠의 말로 경험하며 배워나가게 된다.

추상적인 개념이기 때문에 감정 어휘를 배우는 것은 분명 쉽지 않다. 하지만 감정 어휘는 사회생활과 또래 관계를 위해서 꼭 필요한 말이다. 열심히 들려주고 활용할 수 있도록 돕다 보면, 분명 아이가 감정 어휘를 잘 받아들이는 날이 올 것이다.

★★★4부★★★

우리 아이 언어능력에 대한
오해와 진실

1장

엄마들이 가장
궁금해하는 질문들

말이 늦은 우리 아이,
어린이집에 보내야 할까요?

✎ 아이가 아직 자기 생각이나 원하는 것을 정확한 말로 표현하기 어려워합니다. 아직 어린이집에 보내기에는 이른 것 같은데 주변 친구들을 보면 다들 어린이집에 다닙니다. 아이 친구 엄마들은 또래 아이들에게서 배워오는 게 많다며 아이를 빨리 어린이집에 보내라고 합니다. 그런데 아직은 아이를 어린이집에 보내는 것이 조금 부담스럽습니다. 어떡하면 좋을까요?

요즘은 아이들이 이전보다 이른 나이부터 어린이집에 다니는 경우가 많아졌다. 사회생활을 경험하게 되는 시기가 당겨진 것이다. 어린이집에서는 아이들의 발달을 촉진하는 다양한 형태의 수업이 이루어지고 특별활동이라는 이름으로 체육, 영어, 음악 등 전문강사들의 수업까지 진행된다. 그러다 보니 엄마들에겐 고민이 생겼다. 아직 또래와 소통하기는커녕 말도 늦은 아이지만 또래가 하는 행동이나 말을 배우려면 어린이집에 보내야 하는 건 아닌지 고민된다. 그러나 아직 우리 아이가 너무 준비되지 않은 것만 같아 걱정이 된다.

아주 어린 나이에는 언어 발달의 차이가 크지 않아서 이런 걱정이 덜 하지만, 만 3세만 되어도 어느새 말이 빠른 아이와 늦은 아이의 격차가 크게 벌어진다. 어린이집이나 유치원 선생님들이 우리 아이를 제대로 돌봐줄 수 있을지, 아이가 그냥 방치되는 것은 아닌지, 선생님이 아이의 말을 알아들을 수 있을지 생각할 것이 많아질 수밖에 없다.

어린이집과 같은 교육기관에 가는 가장 좋은 시기는 아이가 '또래에게 관심이 있는 시기'이다. 언어 발달이 늦더라도 모방력이 좋고 다른 아이들에게 관심을 보이는 아이라면 조금 이른 나이에 가도 무방하다. 이런 아이들은 또래로부터의 흡수력이 좋아 특히 언어가 빨리 좋아질 가능성이 높다. 친구들과 인사를 나누고 함께 놀고 식사하는 단순한 일상에서 아이들은 많은 자극을 받게 된다. 특히 언어가 조금 늦을 뿐 다른 문제가 없는 아이일 경우 아이들과 어울리고 소통하는 과정에서 언어 문제가 금세 해결될 수 있다.

또래에게 관심은 조금 덜하더라도 친구들을 통해서 자연스럽게 언어능력을 키울 수 있도록 의도적으로 어린이집에 조금 이른 나이에 보내는 경우도 많다. 언어가 늦은 아이의 경우 일반 아이들보다 좀 더 일찍 통합 환경에서 여러 가지를 경험하게 하는 것이 더 좋다는 것이 일반적인 견해이다.

또, 장애 아이들도 통합 어린이집이나 통합 유치원에 다니면 생각보다 많은 언어 능력의 발전을 이루는 경우가 많다. 이 경우 교사나 교육

아이의 언어능력

기관 순회 치료사의 지원을 받으며 또래 친구들과의 소통적 시도가 이루어지면서 '따로 또 같이' 수업이 이루어진다. 일반 아이들 속에서도 개별적인 접근이 이루어진다는 측면에서 좋은 시너지 효과를 얻을 수 있다.

이렇게 아이들을 보육(교육)기관에 보낼 때 중요한 것은 부모의 준비이다. 아무리 아이가 어린이집에 갈 정도로 준비되어 있어도 보내는 부모의 마음이 준비되어 있지 않으면 교육기관에 보내는 것을 조금 더 고민해볼 필요가 있다.

아이는 인지적으로나 정서적으로나 아직은 미숙한 단계이기 때문에 자신의 상황을 정확하게 판단할 능력이 부족하다. 그런데 부모가 아이를 어린이집에 보내고 온종일 걱정만 하거나 다른 아이들과 비교하느라 과하게 스트레스를 받는다면, 어린이집에 보내지 않느니만 못한 상황이 될 수 있다. 따라서 언어가 늦은 아이에게 도움이 된다는 확신을 가지고 어린이집에 보내야 한다.

하지만 심한 언어장애가 있거나 인지적으로 심각한 문제가 있는 경우, 그리고 또래에 전혀 관심이 없는 경우라면 특수학교 유치원에서 언어적, 인지적 기초를 다진 후 어린이집과 같은 일반 보육 환경을 다음으로 생각하는 것이 좋은 방법일 수 있다. 특수교육은 아이에게 1:1에 가까운 맞춤형 수업 환경을 제공하고 전문가 집단으로 구성되어 아이에게 가장 적합한 언어와 인지 개념을 가르칠 수 있다.

우리 아이가 어린이집에 가서 혹시 남들에게 피해를 주진 않을지,

말이 늦으니 오해가 생겨 친구들과 싸움이 있진 않을지, 이런저런 걱정으로 지나치게 위축될 필요는 없다. 첫 사회관계에서의 성공적 경험은 이후의 또래 관계를 만드는 중요한 첫 단추가 된다. 따라서 첫 사회관계를 어떻게 잘 맺을 것인지에 대한 고민이 충분히 이루어져야 한다. 아이가 어린이집에 갈 시기를 다시 한 번 곰곰이 생각해보고, 아이가 언어적으로나 다른 영역 면에서 부족한 점이 많다면 충분히 아이의 상황을 지켜본 후 결정해도 늦지 않다.

언제 갈지, 어느 상황에서 가야 할지 차이는 있지만, 만약 말이 늦은 아이라면 어린이집과 같은 또래와의 일반 환경에 노출하는 것이 분명 필요하다. 친구들의 언어를 보고 듣고 느끼며 언어적으로도 많이 성장하겠지만, 어린이집에서 또래와의 갈등 상황과 소통 상황을 모두 경험해볼 수 있다. 서툴게나마 이런 과정을 겪은 아이들은 사회적 소통 기술이라는 측면에서 한층 성장하는 것을 볼 수 있다.

아이의 상황을 지켜보면서 어린이집에 보낼 시기를 정하되, 맞벌이 등 불가피한 상황이라 일찍 보내게 되더라도 너무 걱정하거나 죄책감을 가질 필요는 없다. 처음에 어린이집에 보낼 때는 많이 걱정되겠지만, 좋은 선생님과 좋은 친구들을 만날 수 있다는 자신감을 가지면 좋겠다.

한글을 빨리 배우면
언어능력이 좋아질까요?

✎ 주변에서 많은 아이가 한글을 배우기 시작했습니다. 심지어 광고에서는 '두 살부터 시작하는 한글'과 같이 좀 더 어린 나이부터 한글을 접하도록 유도하는 것 같습니다. 한글은 몇 살부터 가르치는 것이 좋을까요? 그리고 초등학교 들어가기 전에 읽고 쓰기가 완벽해야 하는 건가요?

많은 부모가 아이의 한글 교육이 늦어지는 것에 대해서 두려움을 느낀다. 초등학교 들어가기 전에 한글을 다 떼는 것은 물론이고 완벽한 읽기와 쓰기까지 이루어져야 하는 것이 아닌지 걱정한다. '한글은 좀 천천히 하자' 하면서도 '옆집 누구는 한글을 읽더라' 하면 불안해지는 것이 엄마 마음이다.

한글 교육의 결정적 시기는 언제일까? 한글 학습이야말로 우리 아이에게 맞는 시기가 결정적 시기다. 육아 환경과 아이에 따라 결정적 시기는 크게 달라질 수 있기 때문에, 부모가 정확한 '적기'를 판단해야 하며 아이마다 그 시기가 다 다르다는 것이다. 아이의 발달 단계와는 무관한 한글 교육은 아이가 글자 자체를 싫어하게 되거나 기피하게 되는 결과를 낳을 수 있다. 반면 아이가 이미 한글에 호기심이 있는 시기인데도 때를 놓쳐 아이가 가질 수 있는 다양한 경험을 놓치게 하는 경우도 있다.

그렇다면 언제쯤이 아이에게 한글을 가르치기 좋은 적기로 볼 수 있을까? 바로 아이의 어휘가 충분히 늘었을 때, 아이가 글자에 관심이 생겼을 때이다. 듣기가 충분히 되어야 말하기가 이루어질 수 있고 듣기와 말하기가 충분히 잘 되어야 읽기와 쓰기가 이루어질 수 있기 때문이다.

뇌에서 문자를 처리하는 영역은 좌반구 후두 – 측두부에 자리한 부분인데 이 부분이 활성화되려면 다른 영역보다 좀 더 시간이 필요하다. 그래서 글자를 배울 수 있는 적기를 보통 만 4~5세로 본다. 이보다 더 어릴 때 한글 학습을 시작하면 1년, 2년 걸릴 것을 이 시기에는 몇 달 만에 끝낼 수 있다. 그리고 아이의 호기심이 발동하면 더 빨리 배울 수 있다. 따라서 한글 학습이 좀 더 잘 이루어지게 하고 싶다면, 아이에게 억지로 강요하기보다 한글에 관심을 가질 수 있도록 유도하는 것이 좋다.

우리나라 말은 소리 글자이기 때문에 소리를 배우면 글을 읽거나 쓸 수 있다. 그런데 막상 아이에게 문장을 읽어보라고 주면 읽기는 읽으나 그 뜻을 제대로 파악하지 못하고 그냥 철자만 읽어댄다. 띄어쓰기를 완전히 무시하고 줄줄 읽기만 하는 것이다. 한 단락 정도 읽은 후에 뜻을 물어보면, 아이가 전혀 이해하지 못하고 멍한 표정인 것을 볼 수 있다. 기계적으로 읽기만 하기 때문이다.

글쓰기의 경우는 더욱 어려울 수 있다. 만 3세 정도 된 아이들은 아직 필기구를 힘있게 잡고 쓸 정도로 손 근육이 발달하지 못했을 수 있다. 처음 문장 쓰기를 시작하는 아이들은 띄어쓰기나 맞춤법을 지키지 않는데다가 글씨도 삐뚤삐뚤해서 알아보기 힘들 정도다. 또, '기린이 밥을 먹었다'를 소리 나는 대로 '기리니바블머겄다'로 쓰기도 한다.

처음에는 간판 읽기나 글자 찾기 같은 게임 형식으로 한글 읽기를 시작하는 것이 좋다. 그리고 어느 정도 한글을 뗀 아이가 문장 읽기에 관심을 가지게 하는 가장 좋은 방법은 아이가 읽고 싶은 책을 스스로 고르게 하는 것이다. 처음부터 어렵고 복잡한 줄글을 읽는 것은 불가능하므로 아이의 수준보다 짧고 쉬운 것이 좋다. 그리고 소리 내어 읽는 것과 뜻을 생각하며 읽는 것을 구분하는 것이 좋다. 그저 소리 내어 읽는 것보다 뜻과 의미를 생각하며 읽는 것이 아이에게 더 많은 에너지를 필요로 한다. 따라서 아이가 읽기 힘들어하거나 지치지 않도록 한글을 읽는 과정에 있는 아이들에게는 무조건적인 칭찬이 필요하다.

아이가 읽는 것에 스트레스를 덜 받을 때쯤에는 띄어 읽기를 알려줄 필요가 있다. 처음에는 띄어쓰기가 된 곳에서 의식적으로 띄어 읽도록 유도한다. 그러다가 차츰 읽기가 안정되면 띄어 읽기가 자연스러워지게 된다.

쓰기를 위해서는 우선 선 긋거나 선 따라 그리기와 같이 손에 힘을 주고 필기구를 잡고 쓰는 연습이 이루어져야 한다. 사실 크레파스나 색연필, 사인펜과 연필은 완전히 다르다. 연필은 잡고 힘주어 써야 한다. 그래서 선 긋기나 동그라미 따라 그리기 등 손에 힘주고 쓰는 연습을 하려면 연필을 사용하는 것이 좋다.

처음에는 글씨를 쓰는 것이 아니라 따라 그리는 것처럼 보일 수 있다. 그리고 이제 쓰기 시작하는 아이에게 띄어쓰기나 맞춤법을 강요할 필요는 없다. 문법을 받아들이기 전까지는 쓰는 것 자체만으로도 칭찬받아 마땅하다.

읽기와 쓰기는 언어능력의 한 축을 이루고 있다고 볼 수 있다. 그럼에도 읽기와 쓰기는 좀 더 세련된 언어능력이 필요한 것이어서 익히는 데 시간이 많이 필요하다는 것, 국어 문법이 어느 정도 확립되어야 원활해진다는 것을 잊지 말아야 한다. 문법은 아이마다 차이는 있지만 대부분 초등학교 입학 전후나 초등 저학년쯤 되어야 많은 부분이 완성된다. 그래서 초등학교 입학 전 아이라면 띄어 읽기가 좀 부족하고 맞춤법을 틀리게 쓰더라도 격려하여 읽기의 즐거움과 쓰는 재미를 좀 더 느끼게 하는 것이 좋다.

아울러 한글을 배우면 부정확한 발음을 바로잡는 데 도움이 되지 않을까 해서 한글교육을 서두르는 부모들이 있다. 하지만 한글을 잘 안다고 해서 발음 문제까지 한 번에 해결되지는 않는다. 물론 글자를 배우면 낱글자 하나하나의 차이를 확인하고 다른 소리라는 것까지도 시각적으로 확인할 수 있다. 하지만 모든 아이가 한글을 안다고 해서 발음 문제가 개선되는 건 아니다. 앞에서 언급했던 것처럼 발음에 문제가 있는 경우 발음을 만들어내는 기관의 운동성 문제, 청각과 같은 감각의 문제, 인지적인 문제 등 원인이 다양하기 때문이다.

다만 한글을 수단으로 삼아 아이의 발음 연습이나 언어와 관련된 과제를 수행할 수 있으므로 분명 도움이 되는 면도 있다. 하지만 한글을 가르치는 것만으로 발음이 좋아지겠지, 하는 막연한 생각은 버려야 한다.

우리말도 잘 못하는데
지금 영어를 시작해도 될까요?

✎ 요즘 아이들은 영어며 다른 외국어들도 하나씩은 더 하는 것 같아요. 그런데 우리 아이는 언제쯤 시켜야 할지 고민돼요. 다른 아이들도 우리 말을 완벽하게 하는 것 같지는 않지만 영어는 배우는 시기가 있다며 다들 영어를 시작하는데… 말이 늦은 우리 아이는 언제쯤 영어를 배우는 게 좋을까요?

요즘 아이들은 배우는 것이 너무도 많다. 학교 들어가기 전에 영어도 배워야 하고 미술이며 태권도, 수영도 배운다. 언어가 늦더라도 예체능은 크게 걱정하지 않고 보내는 경우가 많지만, 사실 영어와 같이 학습적인 교육은 아무래도 고민될 수밖에 없다. 우리말도 아직 미숙하고 발음도 안 좋은데 영어에 노출시키는 것이 괜찮을까 하는 것이다. 혹시 우리 말과 영어가 혼동되지는 않을지, 우리 말을 배우고 익히는 데 영어가 오히려 방해가 되지는 않을지 걱정된다. 그렇다고 늦게 시작했다가 안 그래도 언어능력이 떨어지는데 영어도 뒤처지지 않을지 불안하다. 발음에 문제가 있는 경우에는 우리 말은 그래도 혹시 영어는 잘 말할 수 있지 않을까 하는 기대하고 시작하는 경우도 많다.

사실 우리나라의 대부분 아이들은 꽤 어린 나이부터 영어에 노출된다. 부모가 어릴 때부터 동화나 음악 CD를 영어로 틀어주는 경우가 많다. 또래 친구들을 살펴보면, 우리말 노래처럼 영어 노래도 자연스럽게 받아들이는 아이도 많고 영어 노출을 그다지 많이 한 것 같지도 않은데 꽤 영어를 잘하는 아이도 보인다.

어린 나이부터 영어를 접해야 발음과 표현이 정확해진다는 의견에서부터 우리 말을 익히기 전에 영어를 배우면 오히려 말이 늦다는 견해까지, 영유아 시기의 영어 교육에 대해서는 다양한 생각들이 존재한다.

그런데 언어발달 수준이 떨어지거나 모국어 습득이 늦은 아이를 살펴보면 영어 동영상이나 비디오, 영어 노래 등에 꽤 많은 시간 노출된 경우가 많다. 부모나 다른 사람들과의 상호작용 없이 오랫동안 일방향적인 언어 환경에 놓여 있는 것이다. 부모는 아이에게 영어를 가르쳐주고 있다고 만족할지 모르지만 아이는 영어는 듣지 않고 빠르게 움직이는 영상에서 재미만 느끼고 있을 뿐일 수도 있다.

영어 비디오나 노래를 반복적으로 접한 아이들은 영어 단어나 문장을 의미 없는 말투로 외우듯이 말한다. 물론 이것은 반복 학습의 결과이다. 엄마는 '드디어 그동안의 영어 교육이 빛을 발한다'며 좋아할 수 있지만, 소통 측면에서 보면 일방적인 암기를 통해 영어로 말하는 것은 크게 의미가 없다. 같은 말이라도 상황에 따라 다르게 쓰이는 것이 언어다. 앞에서 여러 번 언급했듯이 언어는 언어 그 자체가 아니라 의사소통이기 때문이다.

일반적으로 언어 발달이 늦은 아이라면 모국어뿐만 아니라 영어 습득에도 어려움을 겪으리라는 것을 짐작할 수 있다. 특히, 환경적인 부족함이 아닌 기능적인 원인, 기질적 원인이나 선천적 어려움 등으로 언어 발달이 늦은 아동일 경우 어려움이 예상된다. 이런 아이들이 영어에 지나치게 빠르게 노출되면 모국어 습득에도 악영향을 받을 수밖에 없다.

반면, 우리 말의 습득이 완전하게 이루어진 아이는 영어뿐만 아니라 다른 언어를 습득할 준비도 충분히 되었다고 볼 수 있다. 아이가 정상적으로 언어 발달이 이루어지고 있고 다른 사람들과의 의사소통에 크게 문제가 없다면 영어 노출이 일찍부터 이루어지든 조금 늦게 이루어지든 크게 문제되지 않는다. 그리고 부모가 크게 조급해하거나 불안해하지 않는다면 아이의 영어 실력은 차근차근 좋아질 것이다.

분명한 것은 아이마다 언어나 소통 능력이 달라서 일찍부터 영어에 노출되어도 모국어에 영향 받지 않는 아이도 있지만 크게 부정적인 영향을 받을 수도 있다. 그래서 어린 연령일수록 영어에 노출되는 빈도가 높으면 혹시 스트레스를 받고 있지는 않은지, 모국어와 혼동되어 표현이나 발음 등에 문제가 생기지 않는지 주의 깊게 살펴볼 필요가 있다.

언어를 배울 때는 재미있고 즐거워야 한다. 그래야 원활하게 더 잘 배울 수 있다. 따라서 어린아이일수록 영어의 접근 방식이 놀이 형식,

그리고 상호 소통하는 방식으로 이루어져야 한다. 그러면 우리 말을 배우듯이 영어를 배울 수 있고 우리 말의 발달과 크게 상관없이 효과적으로 배울 수 있다.

다문화 가정처럼 불가피하게 부모가 서로 다른 모국어를 사용하는 경우가 있다. 이런 가정에서 이중언어를 어릴 때부터 듣고 자란 아이들은 자연스럽게 이중언어를 배우고 사용하게 되기도 하지만, 언어 발달이 지연되는 양상이 나타나기도 한다. 이때 중요한 것은 아이가 어디에서 주로 생활하고 학습하게 될 것인가 하는 것이다. 우리나라에서 살 것이라면 당연히 한국어에 더 많이 노출되는 상황에서 생활해야 할 것이고, 다른 나라에서 생활할 계획이라면 한국어가 상대적으로 덜 중요한 언어가 될 수도 있다. 따라서 다문화 가정의 언어 발달 지연은 좀 더 다각적으로 살펴보고 이후 과정에 대해 고민할 필요가 있다.

우리 말이 아닌 다른 나라의 말을 가르친다는 것은 신중함이 필요한 일이다. 우리가 주로 일상생활에서 사용하는 말이 아니기 때문이다. 따라서 내 아이의 우리 말 습득 수준이나 의사소통의 질이 어떤지 잘 파악하고 또래와 비교해서 언어 수준이 어떤지를 잘 살펴서 영어 학습의 시기와 방법을 정하는 것이 좋다. 영어를 노출하는 방법 역시 비디오와 같은 일방향적인 방법보다는 엄마와의 소통과 대화로 이루어지는 것이 좋다. 이러한 부모의 관심과 노력이 우리 아이를 우리 말도 영어도 잘하는, 언어 학습에 걱정 없는 아이로 키운다.

언어능력 키우는 데
정말 학습지가 도움되나요?

✎ 주변의 아이들은 다들 학교를 준비하는지 학습지를 하나씩 하네요. 국어 학습
지를 하면 아이의 언어능력 발달에 도움이 될까요? 그리고 학교 가기 전에 학습지
선생님들과의 수업을 한 번쯤 경험해보는 것이 도움이 될까요?

초등학교 입학을 앞둔 6~7살이 되면 학습을 준비한다. 언어와 인지,
그리고 학습은 깊은 관련성이 있어서 학교를 준비하는 시기가 오면 엄
마들에게는 많은 고민이 생긴다. 막연하나마 학교 갈 준비를 해야 할
것 같은데 학습지를 꼭 해야 하는 것인지, 한다면 어떤 것이 좋은지 헷
갈린다.

어떤 과목의 학습지를 하느냐에 따라 조금 다를 수 있겠지만, 일반
적으로 국어나 독서, 글쓰기 활동이 들어간 학습지는 언어능력을 키우
는 데 도움이 된다. 사실 어느 정도 연령이 되면 '언어능력은 곧 국어
능력'이라는 말처럼, 언어를 적절하게 잘 구사하는 능력과 국어를 잘

아이의 언어능력

사용하는 능력은 비슷한 개념으로 쓰인다.

아이가 다른 언어적 표현은 크게 문제가 없는데 문법 즉 조사나 시제 등에 약하다면 학습지를 통한 학습 경험이 문법의 기능을 익히는데 도움을 줄 수 있다. 또한, 다양한 지문을 읽어볼 수 있고 체계적으로 읽고 쓰는 연습이 가능하다는 측면에서 아이가 하고 싶어하거나 학습할 준비가 되어 있다면 충분히 한글이나 국어 학습지를 시도해볼 수 있다.

국어뿐만 아니라 수학의 개념을 잡아주는 학습지도 언어적 개념에 크게 도움이 된다. 수학 학습지는 크게 연산 위주와 수학적 개념 위주의 학습지로 구분된다. 그런데 수학에서 가장 많이 다루는 개념이 "높다/낮다", "많다/적다", "크다/작다"라거나 "위/아래/옆", "동그라미/네모/세모" 등이다. 따라서 만약 언어적으로 이러한 개념들을 받아들이기 어려워하는 아이라면, 수학 학습지를 통해서 도움을 받을 수 있다.

사고 능력을 키우는 학습지도 있다. 이런 학습지는 그림이나 글을 보고 다양한 생각을 하게 하거나 틀리거나 어울리지 않는 상황을 찾는 방법으로 아이에게 언어능력을 키워주는 역할을 한다. 초등학교 교과가 다양한 영역을 통합하는 통합 교과 형식으로 바뀌면서 한 과목에 국한하기보다 여러 가지 영역을 한꺼번에 소화할 수 있는 문제 형식의 학습지가 많이 나오고 있다. 조금 더 많이 생각해야 하고, 조금 더 많은 상황을 파악해야 한다는 점에서 국어나 한글 학습지보다는 수준이 높은 학습지라고 볼 수 있다.

독서 활동과 관련된 학습지는 언어적 지식이 많고 언어 사용이 원활한 아이들에게 더 적합하다. 독서 학습지는 짧은 글을 읽고 내용을 정리해본다거나 책을 읽고 문제를 풀어보는 형식인데, 독서량이 적거나 언어능력이 부족하면 잘하지 못하는 영역이다. 때로 이런 형태의 학습지 수업은 독서 토론으로 이어지기도 하는데, 다른 친구는 같은 책을 읽고 어떻게 이해하는지 이야기 나눠볼 수 있다는 장점이 있다.

그래서 독서 수업은 어느 정도 자기 생각을 이야기할 수 있고 책의 내용을 이해할 수 있을 정도의 언어 수준을 가진 아이들이 참여하면 더 좋은 성과를 거둘 수 있다. 하지만 학교에 입학하지 않은 아이들이나 책을 많이 읽어보지 않은 아이에게는 상당히 어려울 수 있다. 특히 자존심이 센 친구라면 독서 수업에서 또래만큼 못한다는 좌절감을 느낄 수 있다. 토론 수업을 어려워하는 아이들의 경우 개인적으로 세심하게 봐줄 수 있는 개별 수업 형태의 독서나 글쓰기 수업을 먼저 선택하고, 아이가 충분히 수업에 적응하면 선생님과 의논하여 그룹 수업으로 옮기는 것이 아이의 스트레스를 줄이는 방법이다.

좋은 학습지를 골랐다면, 교사가 방문하여 지도하는 방법과 부모가 직접 지도하는 방법이 있다. 아이에 따라서 부모와 하는 것을 더 선호하는 아이가 있고, 교사와 수업하는 것이 더 맞는 아이가 있다. 아이를 가르치다가 엄마가 화를 내는 경우가 많다면 교사의 노하우를 믿고 전문교사가 지도하도록 하는 것이 좋다.

이 역시도 어느 쪽이 좋다기보다 아이와 부모에게 가장 적합한 방법을 선택해야 한다. 일반적으로 우리 아이의 수준이나 선호도를 누구보다도 잘 아는 사람은 부모이기 때문에 부모의 지도가 가장 적합할 수 있다. 하지만 아이가 성장하면서 교사와의 1:1 경험 역시 의미 있는 것일 수 있으므로 아이의 성향을 파악해서 잘 선택하는 것이 좋다.

만약 일반적인 학습지를 소화하기 어려울 정도로 언어능력이 걱정되거나 언어가 늦은 아이라면 인지치료 형태의 특수교육이 적합할 수 있다. 아동발달센터나 병원에서의 인지치료나 학습치료, 특수학교의 유치부 수업이 이러한 맞춤형 인지 수업에 가깝다. 이 경우 시중의 학습지나 문제집을 활용하기보다는 아이에게 맞게 제작된 학습지를 활용하므로 아이의 호기심을 끌고 학습에 좀 더 몰입할 수 있게 한다. 그리고 인지치료사나 특수교사가 수업을 진행하기 때문에 부모나 아이의 스트레스도 훨씬 줄어든다.

혹은 학습지의 수준을 조금 낮추어 보는 것도 방법이다. 사실 학습지의 나이 기준은 일반적인 아이의 기준이므로 우리 아이에게도 가장 적합하다고 보기는 어려울 수 있다. 아이가 7살이더라도 5살 정도 수준의 학습지를 하는 것이 의미 있을 수 있다. 무슨 말인지도 모르는 문제집을 붙들고 있는 것보다는 자기 수준에 맞는 학습 활동이 이루어지는 것이 더 효과적인 학습 방법이다. 혹은 아이가 버거워한다면 한 주 분량으로 넘어가는 양을 2~3주로 나누는 방법도 있다. 굳이 수업 진도를 다른 아이들과 맞추지 말고 맞춤형 수업 형태로 끌고 가는 것이다. 이렇게 아이의 수준과 학습지의 수준을 맞추려면 학습지 선생님과 충분한 상의가 이루어져야 한다.

학습지는 학습 능력의 향상을 위한 방법으로 선택하는 것이다. 그러나 학습지를 푸는 과정을 통해서 우리 아이의 언어능력까지 다양한 방법으로 키워나갈 수 있다. 아이의 수준과 선호도를 고려해서 아이에게 잘 맞는 학습지를 선택해보는 것은 어떨까?

늦된 우리 아이,
언어치료가 필요한지 잘 모르겠어요

✎ 우리 아이는 정말 말이 늦은 것 같습니다. 또래 아이들보다 한참 늦은 것처럼 보이는데 시부모님은 남편도 다섯 살이나 되어서야 말을 제대로 시작했다며 아이가 말이 늦는 것을 대수롭지 않게 생각하는 눈치입니다. 그런데 저는 자꾸 아이가 말이 늦어지는 것이 신경이 쓰입니다. 그저 잠시 말이 늦는 것과 언어치료를 할 정도의 상황인 것을 어떻게 판단할 수 있을까요?

처음으로 아이가 언어 발달이 늦다고 감지되는 시기는 생후 24개월 전후이다. 만 2세가 넘어서도 단어의 발화가 없다거나 말할 수 있는 단어가 50개 미만이어서 짧은 문장도 만들지 못하는 경우다. 사실 이 시기부터는 주변의 또래들과 언어 수준이 비교될 수 있어서 엄마들이 아이의 언어 발달에 본격적으로 신경을 쓰게 되는 시기이기도 하다.

영유아기 단계에서 언어 발달이 늦다고 의심되는 경우 가장 먼저 생각해볼 수 있는 것은 청각적 문제와 언어의 표현 능력이다. 만약 청력 문제가 의심된다면 이비인후과에서 청력 검사를 통해 확인해볼 수 있다.

또한, 이 시기에는 아이가 표현하는 말(표현 언어)이 또래보다 떨어지는 것에 큰 의미를 두기보다, 언어 이해 수준(수용 언어)이 또래와 비슷한지를 확인해볼 필요가 있다. 아이에게 수용 언어란 그릇에 들어 있는 여러 가지 재료와 같아서 아직 꺼내서 좋은 완성품을 만들지는 못했지만 재료가 많이 들어 있다는 것은 이제 곧 완성품을 만들어낼 수 있다는 뜻이다.

따라서 단순히 말이 늦은 아이인지 언어 발달이 지체될 위험성이 있는 아이인지 구분해서 살펴보는 것은 매우 중요하다. 다른 아이들보다 언어가 늦어 보이는 아이를 둔 부모들의 걱정은 이만저만이 아니다. 만약 단순히 늦는 거라면 언어치료를 받는 과정이 돈과 시간 낭비인 것 같고, 막연하게 기다리자니 적절한 시기를 놓치는 것 같아 걱정이다.

그렇다면 우리 아이에게 언어장애가 있는지 알아볼 수 있는 방법은 무엇일까? 다음 몇 가지를 기준으로 살펴보자.

첫째, 아이의 상호작용을 살펴볼 필요가 있다. 말이 늦은 것뿐만 아니라 의사소통에 적극적이지 않다거나 관심이 없는 경우 아이의 언어발달지체를 의심해볼 수 있다.

다른 사람들과의 소통에 관심이 없거나 상호작용이 이어지지 않는다면, 아이의 언어 발달은 점점 더 지체될 가능성이 높다. 그러나 말의 수준은 걱정스럽지만 의사소통하는 것이 자연스럽고 적절하다면 단순히 말이 늦은 아이로 보아도 괜찮다.

둘째, 아이의 말 소리를 잘 들어보자. 옹알이 단계나 첫 낱말 수준에서부터 언어발달지체 아동은 자음보다는 모음 위주로 단어를 만들어내는 경우가 많고 옹알이의 패턴도 단순한 경우가 많다. 말을 하기 위한 준비 자체가 제대로 되어 있지 않은 아이라면 언어가 적절하게 잘 발달하기 어렵다.

셋째, 놀이의 수준을 살펴보자. 놀이는 곧 아이들의 언어능력을 나타낸다. 노는 것을 지켜보았을 때 왠지 어설프고 단순한 수준에서 머무르는 아이들이 있고, 이야기의 전개가 있고 활동 자체가 재미있는 아이들이 있다. 놀이의 수준이 또래보다 획일적이고 단순하다면 언어발달지체의 가능성이 높다. 말은 늦지만 놀이 수준이 또래보다 뒤떨어지지 않는다면 단순히 말만 늦는 것으로 볼 수 있다.

넷째, 아이가 알고 있는 말, 즉 이해 언어를 살펴볼 필요가 있다. 말이 늦은데 이해하고 있는 어휘도 생활 연령보다 현저히 낮다면 분명 언어 발달에 문제가 있다고 볼 수 있다. 반면 이해하고 있는 어휘가 또래와 비슷하다면, 표현 언어는 좋아질 가능성이 충분하다. 따라서 수용 언어가 잘 형성되어 있다면, 단순히 말이 늦는 것이라고 볼 수 있다.

다섯째, 시간이 지나면서 좋아지고 있느냐 하는 것도 중요한 척도가 된다. 몇 달 동안 언어적인 발전이 거의 없다면 아이의 언어 발달 문제를 다시 한 번 심각하게 고민해봐야 할 필요가 있다.

하지만 이러한 몇 가지 기준은 말 그대로 가능성이다. 따라서 아이의 언어능력이 의심된다면 전문가와 함께 진단해보는 것이 가장 좋다. 그저 말이 늦는 경우에는 중재 기간이 길지 않아도 금방 개선되곤 한다.

단순하게 말이 늦든 아니면 언어발달지체를 의심해보아야 할 수준이든, 우리 아이의 언어에 문제가 있다고 생각된다면 어떻게 아이에게 도움을 줄 수 있을지를 먼저 생각해보아야 한다. 아이가 어떤 점 때문에 어려움을 겪는지, 어떤 점부터 빨리 도와주어야 하는지를 파악해 아이에게 맞는 언어 자극을 충분히 해주고 언어 발달을 저해하는 요인이 있다면 빨리 제거해주어야 한다.

예를 들어 아이가 너무 텔레비전에만 노출된 환경이라면 텔레비전부터 끄고 아이들과 소통해야 한다. 신체 발달이나 소근육 발달이 더디다면 다른 치료를 병행하여 개선할 수 있다. 따라서 원인을 정확하게 밝히는 것은 아이에게 도움을 주기 위해 반드시 필요한 과정이다.

아이의 언어가 늦다고 생각된다면 바로 아이에게 가장 적합한 방법을 찾아 언어 발달을 촉진해야 한다. 장애가 있는 아이들도 이른 시기에 발견해서 적극 개입하면 생각보다 빨리 좋아지는 경우가 많다. 발음에 대한 언어치료 역시 대상 연령이 점점 빨라지는 추세이다. 잘 안 되는 발음이 굳어지기 전에 되도록 빨리 중재기 이루어지는 것이 이후 예후가 더 좋다는 임상 결과도 있다.

아이가 어릴 때부터 꾸준한 언어 자극을 주는 것은 언어능력을 키울 수 있는 가장 좋은 방법이다. 자칫 우리 아이가 단순히 말이 늦은 아이에서 언어능력이 부족한 아이로 문제가 커질 수도 있기 때문이다. 그리고 아이가 걱정할 필요가 없을 정도로 언어를 구사하기까지는 부모가 아이의 말에 관심을 기울이고 적극 지원해주어야 한다. '그저 조금 늦다'고 생각하고 차일피일 미루다가 그 적기를 놓치면 개선하는 데 더 많은 시간과 노력이 필요하고, 그만큼의 노력을 들여도 제대로 발달하지 못하는 경우도 많다. 부모의 관심과 꾸준한 지원이 아이의 언어 발달을 지속적으로 이루어지게 하는 지름길임을 잊지 말아야 할 것이다.

2장

언어치료가 필요한 우리 아이,
어떻게 도와주어야 할까?

아이의 언어발달이 의심된다면,
언어 전문가와 상담하세요

아이를 키우다 보면 아이의 언어 발달에 대해서 의심되는 상황이 생긴다. 아이가 조금 더 크면 나아지지 않을까 하는 막연한 기대와 함께 병원이나 치료실에 가는 것을 피하고 싶은 마음 때문에 생각보다 아이의 언어 진단이 늦어져 본격적인 치료가 늦어지는 아이들이 많다.

조금만 더 일찍 전문가의 개입이 있었다면 이렇게 늦어지지 않았을 텐데, 혹은 치료 시기를 단축할 수 있을 텐데 하고 안타까운 경우가 많다. 초등학교 입학 전 아이의 1년, 아니 1개월은 정말 중요하다. 아이들은 한 달마다 달라질 정도로 빠르게 성장하기 때문에 언어 평가 결과상 조금만 차이 나도 '언어 지연'으로 체크될 수 있다.

돌 이전 아이들은 언어적으로 크게 분화되지 않는다. 기껏해야 한 단어로 몇 마디('엄마, 아빠, 맘마' 같은 간단한 단어들)를 시작한 정도이기 때문이다. 하지만 돌 이후 아이들은 언어적으로 가파르게 성장한다. 몇 단어만 할 줄 알았던 아이가 2어절 이상의 문장을 말할 수 있게 되고, 두 돌 정도만 되어도 언어적으로 대화가 시작된다. 그 이후로는 더욱 드라마틱한 변화를 보여준다. 우리나라 나이로 6세, 4돌만 지나도 아이들은 어른들과 원활하게 의사소통하고 문법과 시제가 적절한 문장을 쓸 수 있다.

따라서 언어적으로 한번 지연되기 시작하면 간격이 점점 벌어지는 경우가 많아진다. 좀 더 기다리면 되겠지 하고 안일하게 생각하다가는 몇 배의 시간과 노력이 필요할 수 있다. 그 간격을 좁히기 위해서 언어치료라는 본격적인 중재가 필요할 수 있다. 만약 또래 아이들과 비교했을 때 아이의 언어 수준이나 언어 발달이 불안하고 걱정된다면 언어치료실에 방문하거나 언어치료사를 만나보는 것이 방법이다. 부모들은 보통 자기 아이들만 보기 때문에 정확한 아이들의 수준을 가늠하기 어렵기 때문이다.

때로는 어린이집이나 유치원 선생님의 권유로 언어치료실을 찾는 아이들도 더러 있다. 어린이집이나 유치원에서 많은 아이를 보는 선생님들은 아이의 언어가 다른 아이들과 다르다는 것을 빨리 파악할 수밖에 없다. 선생님으로부터 그런 조언을 들었을 때는 '왜 우리 아이를 그렇게 생각하지?' 하고 언짢아하지 말고 언어치료실에 방문해보는 것이 좋다. 실제로 선생님의 권유로 언어치료실을 찾은 아이들 대다수가 언어적으로 문제가 있는 경우가 많았다.

언어치료실에 방문하면 우선 언어평가를 통해 아이의 정확한 언어 연령을 파악한다. 이 검사를 통해 아이의 어휘가 부족한지, 시제 사용이 어려운지, 부사어나 형용사를 어려워하는지, 두 가지 지시어를 이해하고 기억하기 어려운지, 발음이 어려운지를 확인할 수 있다. 그리고 언어치료실에서 쓰는 평가도구들은 대부분 또래 아이들을 통해 표준화가 된 것이기 때문에 또래와 어느 정도 차이가 나는지 정확하게 보여준다.

또래에 비해 언어가 빠른지 늦은지, 발음에 문제가 없는지를 알아보는 몇 가지 검사가 끝나면 결과에 따라 단순히 엄마의 기우였는지, 집에서 충분히 자극해주는 것만으로 괜찮아질 수 있는 수준인지를 알려준다. 또래 언어 연령보다 많이 지연된 아이라면 언어치료를 권하기도 한다.

표현은 부족하지만 알고 있는 단어가 충분한 아이인 경우 빨리 좋아지는 것을 볼 수 있다. 수용 언어가 또래 수준이나 그 이상 수준인 아동은 표현의 문제만 해결되면 되기 때문에 진전 속도가 빠르다. 모든 위치에서 발음이 정확하지 않은 아이들보다 특정한 자음이나 위치에서 일어나는 발음 문제만 있는 아이들은 반복적인 훈련을 통해 금세 개선될 수 있다. 또한, 인지적으로 크게 문제가 있지 않은 경우, 언어적인 자극이 집중적으로 이루어지면 대부분 빨리 좋아진다.

물론 좀 더 복잡한 치료의 지원이 있어야 하는 아이들도 있다. 검사 결과 인지 기능이 떨어지는 지적장애나 의사소통 태도가 부족한 발달장애와 같은 다양한 문제가 나타나기도 하고, 신생아청각선별검사에서 미처 걸러내지 못한 청각 문제를 발견하기도 한다. 다문화 아이들의 경우 이중언어에 노출되다 보니 언어의 지연이 보이기도 하고, 부모의 우울증이나 분리 등으로 적절한 의사소통의 기회를 가지지 못해

심각한 언어 지연이 발생하는 경우도 있다.

언어치료가 필요하다고 여겨지는 아이 중에 언어치료사의 중재가 시작되었다고 해서 모든 것이 한꺼번에 해결되는 건 아니라는 점을 기억해야 한다. 언어치료실에서는 아이의 수준에 맞게 장난감이나 재미있는 자료들을 활용해서 언어를 지도한다. 조금 더 큰 아이의 경우에도 아이의 언어 연령에 맞는 다양한 교구와 학습지 형태의 읽을거리를 활용한다.

부모가 함께 치료에 참여할 수 있다면, 치료사가 아이의 치료 과정에서 어떤 문장을 어떻게 적재적소에 사용하는지 직접 볼 수 있다. 그렇지 못한 상황이라면 언어치료사가 아이를 위해 사용했던 과제들이나 방법들을 따로 상담을 통해서라도 알아야 한다. 그리고 그 방법을 썼을 때의 아이 반응도 꼭 확인해야 한다. 부모가 열성적으로 치료 과정이나 상담에 참여하면 치료사는 분명 더 많은 언어적 정보나 치료 방법을 알려줄 것이다. 언어치료사의 치료가 이루어지는 중에도 부모의 지속적인 관심과 집에서의 훈련이 꼭 필요하기 때문이다. 부모의 적극적인 지원만이 언어치료실의 치료 기간을 줄일 수 있다.

아이의 언어 발달이 걱정된다면 언어치료실에 방문해 언어치료사와 상담하는 일을 너무 미루거나 주저하지 말기를 바란다. 그들은 아이의 언어 촉진을 도와줄 수 있는 동반자이다. 언어 중재가 너무 늦어 아이가 의사소통에서 좌절을 경험하거나 자신감이 떨어지지 않도록 부모가 먼저 움직여야 한다. 걱정만 하지 말고 언어치료실에 방문해서 상담을 받아보는 것이 불안감을 해소하는 길이다.

일상생활에서 언어 자극을 주는
방법은 무궁무진합니다

✎ 언어가 많이 늦다는 결과를 받고 보니 당장 일상적으로 일어나는 다양한 상황에서부터 언어 자극을 주어야 할 것 같습니다. 그런데 너무 막연합니다. 일상적인 상황 즉 어린이집 가는 길, 시장에서 물건 살 때, 밥 먹을 때와 같은 상황에서 언어 능력을 키워줄 수 있는 좋은 방법이 없을까요?

    아이들은 사람과의 직접적인 대화뿐만 아니라 다양한 경험 속에서 수없이 많은 언어 학습의 기회를 가진다. 어떤 아이들의 경우 텔레비전이나 어른들의 대화, 혹은 책에서 보게 된 표현을 적재적소에 잘 써서 "이걸 아이가 어디에서 들었지?" 하고 부모를 깜짝 놀라게 하기도 한다. 또, 아이들은 집 안에서는 쓰지 않는 은어들을 어디에선가 배워와서 쓰기도 한다. 연령이 높아질수록 부모와 가족보다는 또래와의 소통 상황에서 많은 일이 일어나게 된다.

    아이의 언어 발달에서 가장 중요한 것은 우연히 일어나는 수없이 많은 언어 학습의 기회이다. 우리는 모든 상황에서의 말을 아이들에게 알려줄 수는 없다. 대신 아이들이 우연히 그리고 흘려듣는 상황에서 발생하는 모든 말이 언어 자극의 좋은 기회가 된다.

아이에 대한 언어 자극은 대부분 계획되지 않은 상황에서 이루어질 가능성이 높다. 언어 자극을 위한 놀이를 하려고 엄마가 이것저것을 꺼내놓은 상황보다는 주로 우연한 상황에서 이뤄진다. 그런데 그 우연적 상황을 아이의 언어를 자극할 가장 적기의 상황으로 만들 수 있다.

예를 들어 아이가 식탁에서 장난감을 가지고 놀다가 좋아하는 장난감을 바닥에 떨어뜨렸다. 아이가 혼자 내려가서 주울 수도 있지만 대부분 엄마는 아이에게 물어보지도 않고 장난감을 주워준다. 아이가 밥을 먹다가 포크를 떨어뜨리면 그 포크를 주워주거나 새 포크로 바꾸어준다. 아이에게 말하거나 요구할 기회를 주지 않은 것이다.

그런데 이러한 때는 아이에게는 말을 할 수밖에 없는 절실한 상황이된다. 아이가 말을 하기 위해서는 무엇보다 '말을 해야겠다'는 생각이나 '말을 안 하면 안 되는구나' 하는 상황적 인식이 필요하다. 혹은 '○○을 얻으려면 말을 해야겠구나' 하는 상황이 아이의 말을 만들어낸다.

따라서 아이가 좋아하는 장난감을 떨어뜨렸을 때 바로 주워주기보다 아이의 반응을 잠시 기다려주자. 바로 엄마가 주워줄 줄 알았던 아이는 잠시 머뭇거릴 수 있다. 말을 아직 하기 전의 아이라면 장난감 쪽으로 손을 가리키면서 옹알이처럼 말을 하거나 소리를 지를 수 있다. 말을 할 줄 아는 아이라면 "자동차 주워주세요"와 같이 말을 할 수 있다. 아이가 포크를 떨어뜨렸을 때도 마찬가지다.

아이가 문구점에 가서 무언가를 사고 싶어하는 상황일 때도 아이가 말을 하도록 유도할 수 있다. "엄마는 네가 사고 싶은 게 무엇인지 말로 해야 사줄 거야." 이렇게 원칙을 세우고 아이에게 이야기하면 처음 한 번이 어렵지, 말을 통해서 무언가를 성공적으로 획득한 경험이 있는 아이는 두 번 세 번 어렵지 않게 해낸다. 그리고 때로는 자신이 원하는 것을 말로 더 정확하게 전달하기 위해 노력한다. 그러면 자신이 원하는 것을 보상처럼 얻을 수 있기 때문이다. 때로 부모의 모델링이 필요하기도 하지만, 그것이 너무 반복되면 안 된다.

아이가 하고 싶어 하는 것이 있을 때도 학습의 기회로 삼을 수 있다. 가게에 가서 물건을 사는데 아이가 자신이 계산하고 싶다고 이야기했다. 이 경우 아이가 말이 다소 부족하고 발음이 걱정되는 상황이라 해도 기회를 제공할 수 있다. 대신 어떻게 말해야 하는지 아이가 계산대 앞에 서기 전에 미리 조금 연습해볼 수 있을 것이다. 하지만 그렇게 하고 싶어한 아이들은 대부분 자신감 있게 자신이 생각한 말을 전달한다. 혹시 조금 틀렸더라도 생각하지 못했던 상황에서 아이가 자신의 견해를 밝힐 수 있었다는 것만으로도 충분히 칭찬해주어야 한다. 낯선 상황에서 가족이 아닌 다른 사람들과 대화를 나눌 수 있었다는 것만으로 좋은 학습이 된다.

중요한 것은 우연한 기회에 이루어지는 언어 학습에도 반응할 시간과 기회가 필요하다는 것이다. 그리고 그 타이밍을 놓쳐서는 안 된다.

그러면 아이는 말로 표현해야 뭔가 원하는 것을 얻을 수 있다는 것을 깨달을 수 있다. 또한, 치료실과 같은 구조화된 상황이 아니라 일상적인 생활 속에서 적재적소의 타이밍에 아이에게 원하는 것을 말로 할 것을 요구하는 것도 좋은 방법이다. 그전엔 아무리 시켜도 안 하던 아이였을지라도 원하는 것이 있는 절실한 상황이라면 부모가 원하는 대로 말로 이야기한다.

일반적으로 언어 발달이 늦은 아이들에게는 이러한 우연적 학습의 기회가 생기기 쉽지 않을 수도 있다. 눈을 맞추고 집중시켜서 이야기해야만 언어를 자기의 것으로 만들 수 있는 아이들도 있어서 엄마는 언어를 가르치기 이전에 아이의 집중력을 높이는 데 온 신경을 모으게 된다. 따라서 이런 아이들은 흘려듣기의 상황에서 들었던 것 중의 하나를 선택해서 활용하는 데 어려움을 겪는다. 하지만 조금 늦더라도 우리 아이들에게 기회를 주는 것, 잊지 말자.

형제나 한두 명의 친구부터
놀이에 함께 참여하도록 해주세요

✎ 친구들과 노는 것을 보니 아이의 언어 수준이 많이 떨어져서 친구들의 말을 잘 이해하지 못하고 놀이 상황에 끼어들지 못하는 것 같아 많이 걱정됩니다. 그렇다고 엄마 아빠가 계속 데리고 놀아줄 수도 없고, 친구들과 어울려 놀게 해야 언어 수준도 빨리 좋아질 것 같은데 어떻게 도와줄 수 있을까요?

　아이들의 소통은 주로 엄마나 아빠 위주의 가족과 이루어지지만, 나이가 많아지고 학년이 높아질수록 또래로 집중된다. 따라서 또래 관계와 또래 간 의사소통은 아무리 강조해도 지나치지 않다. 그러나 말이 느린 아이가 처음부터 또래와 잘 어울리고 또래의 언어를 배우는 경우는 드물다. 따라서 또래와 접촉할 기회를 많이 만들어주고 놀이 상황을 다양하게 만들어 아이가 관계 속에서 활동하는 데 익숙해지게 해야 한다.

　아이들은 어른들처럼 인내심이 없어서 기다리는 것에 익숙하지 않다. 친구가 말하는 것을 못 알아듣겠다거나 무슨 내용인지 모르겠으면 어울려 놀기보다 그냥 가버리기도 한다. 그리고 "무슨 말인지 못 알아듣겠어", "얘는 왜 이렇게 말을 이상하게 해요?" 하면서 자신이 느낀 바를 그대로 이야기한다.

또는 반대 경우도 있다. 말이 늦은 아이가 뭐라고 말하면 선생님이 무슨 말인지 몰라서 멍하게 있는 사이에 "선생님, ○○가 종이접기하고 싶대요", "선생님, ○○가 화장실 가고 싶대요" 하고 통역해주는 아이도 있다. 그래서 아이들의 말은 아이들이 훨씬 더 잘 알아듣는다고들 한다.

그렇다고 해도, 단순하게 말이 늦은 아이가 아닌 경우 너무 이른 나이에 어린이집에 보내 말을 배우게 하는 것은 아이에게 다소 스트레스일 수 있다. 말도 느리고 소통 방법도 잘 모르는데 아이들 속에 있다면 바다 위 섬에 있는 것 같은 소외감을 느끼게 된다. 아이가 어리다면 같은 공간에 있더라도 각자 놀이를 하는 것과 다를 바 없으므로 또래 관계를 통해 무언가를 학습하는 것이 무의미할 수 있다. 그러나 아이가 5세만 되어도 또래에 관심을 가지고 말로 사회적 소통을 하므로 또래 관계가 아이에게 도움이 되는지 스트레스가 되지는 않는지 좀 더 의미 있게 지켜볼 필요가 있다.

처음부터 또래 관계에 적응하게 하는 것이 걱정되는 경우라면 형제나 자매와 함께 놀면서 기초를 쌓을 수 있도록 이끌어주는 것이 좋다. 형제자매들은 서로 특성을 너무 잘 알고 있고 말이 조금 늦은 경우에도 친구들보다는 조금 더 기다려줄 수 있어서 좋은 언어 촉진자의 역할을 할 수 있다. 특히 손위 형제나 자매의 경우에는 동생을 돌보고자 하는 마음이 있어서 훨씬 수월하게 관계를 시작할 수 있다.

형제자매와의 놀이 상황에서도 처음에는 부모의 개입이 필요한 경우가 많다. 형제자매도 똑같이 어린 아이이므로 모든 것을 양보할 수는 없다. 말로 의사소통이 어려운 경우에는 몸싸움이나 소리 지르기, 울음 등으로 부딪히게 된다. 그래서 처음에는 부모가 아이와 놀아주면서 자연스럽게 형제자매들이 어울려 놀게 하는 것이 좋다. 그러면 부모의 모델링을 통해 큰아이는 동생과 어떻게 놀아주어야 하는지 배우게 된다. 손위 형제가 양보하면서 잘 놀아주었을 때는 충분히 칭찬해주고 격려해주어야 다음에도 함께 어울려 놀 수 있다. 다만 아무리 손위 형제라도 아직 어린 아이일 뿐이므로 동생 때문에 상처 입지 않도록 감정을 잘 살펴주어야 한다.

또래 관계로 본격적으로 나아가기 전에 소수의 친구들과 놀 기회를 주는 것도 좋다. 아이들은 10명이 넘는 아이들과 놀 때보다는 친한 한두 명 안에서 안정감을 찾는다. 아이들 사이에서 조금씩 적응할 수 있도록 한두 명 친구들과 놀 수 있도록 격려해준다. 한두 명의 친구들과라도 성공적인 소통을 경험한 아이는 자신감이 생긴다. 소통의 즐거움을 알게 되면 더 많은 아이들과도 어울릴 수 있게 된다.

형제나 친구를 아이와의 놀이 상황에 함께할 수 있도록 하기 위해서는 아이들의 관심사를 반영한 만남의 기회를 다양하게 만들어주어야 한다. 아이를 초대하기도 하고 함께 놀 수 있는 시간과 장소를 제공해주면서 만남의 기회를 자주 만들어주는 것이다. 천천히 느리더라도 이 만남 속에서 아이들은 친구와 어울리는 스킬을 하나씩 배워간다.

언어 발달이 늦거나 장애가 있는 아이의 부모들은 집을 아이들의 놀이방처럼 개방하고 친구들을 초대하는 경우가 많다. 그러면 말이 늦은 아이라도 친구들을 기꺼이 맞이한다고 한다. 그리고 아이와 친구를 함께 지켜보면서 우리 아이의 언어 수준이나 부족한 점을 알 수 있고, 무엇보다도 학교에서나 유치원에서의 일을 많이 알 수 있게 되어 좋다. 언어가 늦은 아이들이 가진 약점 중 하나가 학교나 유치원의 일을 전달하는 능력이 부족한 것이다. 그래서 아이의 친구한테서 듣는 아이의 학교생활 이야기는 매우 유익할 수 있다.

또래 관계를 통해서 아이가 친구를 사귀는 경험은 매우 중요하다. 특히 선생님 역할을 좋아하는 친구나 보호자 역할을 자청하는 친구들은 우리 아이를 도와줄 좋은 친구가 될 수 있다. 아이가 성장할수록 부모가 아이에게 해줄 수 있는 영역은 점점 좁아진다. 점점 아이 혼자 경험하고 헤쳐나가야 할 상황들이 늘어나기 때문에 아이는 스스로 친구들과 소통하는 방법을 배워야 한다. 그 경험은 소수의 아이들로부터, 아이에게 우호적인 친구들로부터 시작할 수 있다.

언어치료를 받으면,
우리 아이 좋아질 수 있을까요?

✎ 언어치료실에 가서 평가를 받고 왔는데 결과가 너무 나쁘게 나와서 자책감이 들어요. 그동안 하고 싶은 말도 제대로 표현하지 못했던 우리 아이는 얼마나 답답했을지 마음이 아프고 아이가 지금보다 나아질 수 있을지 걱정이 됩니다. 무엇보다 지금까지 엄마인 저는 무엇을 했는지 너무 속상하고 화도 나고 불안해서 견딜 수가 없습니다. 우리 아이, 언어치료를 받으면 괜찮아질까요?

자기 아이가 잘못되기를 바라는 부모는 없다. 아이의 언어 발달이 늦은 것은 결코 부모의 잘못이 아니다. 그런데 아이가 언어가 늦어서 치료가 필요하다, 혹은 언어가 늦으니 지속적인 관찰이 필요하다고 보는 견해를 듣고 나면 이 모든 것이 그동안 아이를 잘못 키운 자신의 탓인 것 같아서 힘들어하는 부모들이 많다.

아이를 데리고 병원이나 아동발달센터에 가서 평가를 받는 것은 아이에 대한 정확하고 객관적인 정보를 얻으러 가는 것이다. 나쁜 결과에 충격을 받을 수도 있고, 다행이라고 안심하고 돌아올 수도 있지만, 결과 자체에 대해서 크게 두려움을 가질 필요는 없다.

한 5세 아이가 언어 수준이 3세 수준이어서 언어치료가 필요하다는 진단을 받았다. 다른 아이보다 2년 정도 뒤처졌다는 것이 걱정스럽겠지만, 언어능력 발달은 장기 레이스이기 때문에 지금이라도 이렇게 발견해서 치료할 수 있다는 것을 다행이라고 생각하면 된다. 그리고 아이의 언어 수준을 정확하게 알았고 어떤 부분이 부족한지 알았으니 본격적으로 아이의 언어능력을 키우기 위해서 언어 자극을 시작하면 된다. 언어능력은 영유아기에 급속한 성장을 거치지만 성인이 될 때까지 지속적으로 발달한다. 따라서 어릴 때 아이의 언어 지연이 발견되었다면 부모의 지속적인 노력과 관심, 언어치료사의 전문적인 치료를 통해서 얼마든지 빨리 좋아질 수 있다.

언어치료를 시작했을 때 부모들이 가장 많이 하는 실수 중의 하나는 언어치료사의 치료를 받는 것으로 모든 것이 해결될 거라고 생각하는 것이다. 언어치료사는 결코 모든 것을 단번에 해결해줄 수 있는 신적인 존재가 아니다.

일주일이 7일이면 168시간이다. 하루에 아이가 10시간씩 잔다고 가정해도 98시간, 거의 100시간에 가까운 시간이 있는 셈이다. 그중에서 언어치료실에서 수업을 듣는 시간은 1주일에 두 번 있다고 해도 2시간에 불과하다. 나머지 시간 동안 아이는 어린이집이나 유치원에 가기도 하고, 집에서 놀기도 하고, 식사를 하기도 하고, 다양한 공간에서 생활

한다.

언어치료사는 아이의 언어 발달에 관한 전문가이기 때문에 아이의 부족한 점을 파악하고 언어능력을 키워줄 방법을 빨리 찾아줄 수 있다. 그리고 부모에게 상담을 통해서 언어적 자극을 주는 방법을 가르쳐준다. 그러나 이것을 집에서 활용하여 언어 자극의 수단으로 사용하는 것은 부모의 역할이다.

언어치료 후 부모가 아이의 변화를 면밀하게 체크하고 좋아지는 부분과 좋아지지 않는 부분에 대한 피드백을 언어치료사에게 준다면 더욱 좋다. '이번에는 반응이 어땠다, 이걸 해보니 좋아하더라'와 같은 반응은 아이와 자주 보지 않는 언어치료사가 빨리 알아채기 어려운 부분이다. 부모의 자세한 피드백은 언어치료사로 하여금 좀 더 다양한 방법으로 접근하도록 촉진한다. 이러한 피드백은 아이에 대한 부모의 관심을 대변하므로 언어치료사 입장에서는 좀 더 적극적으로 치료에 집중하게 된다.

아이에 따라 언어치료실에서보다 집에서의 반응이 훨씬 좋은 아이도 있고, 집에서보다 선생님 앞에서의 반응이 더 좋은 아이도 있다. 이것은 환경에 따른 집중도의 차이나 아이가 어떤 성격을 가지고 있느냐에 따라 달라진다. 소극적이고 내성적인 아이는 집에서의 반응이 훨씬 더 좋고, 활동적이고 호기심이 많은 아이는 선생님 앞에서 집중도가 더 좋다. 그래서 언어치료실에서 부모가 참여하는 형태로 수업이 이루어지기도 하는데, 어린 아이일수록 이렇게 진행되는 수업 방식이 더 효과적이다. 부모와의 분리가 어려운 아이를 힘들게 떨어뜨릴 필요가 없고 언어치료사가 하는 치료 방법을 부모가 직접 눈으로 보는 것이 이후 가정에서의 훈련에도 도움이 되기 때문이다.

물론 아이에 따라서 부모와의 분리가 더 효과적인 경우도 있다. 아이가 지나치게 부모 의존형이어서 자신이 해야 할 말이나 표현을 부모에게 떠넘기는 경우거나 아이가 충분히 분리되어 수업이 가능한 연령이 되었을 때이다.

무엇보다도 부모가 가장 좋은 언어치료사인 것은 아무리 강조해도 지나치지 않다. 언어치료사에게 가장 직접적으로 도움을 받을 수 있는 것은 아이의 언어치료와 관련된 중요한 원칙이나 팁이다. 언어치료실에서 잘 배워왔다고 해도 집이나 어린이집, 유치원, 학교와 같은 일반적인 상황에서 제대로 실행하려면 부모의 지원이 중요하기 때문이다.

언어 자극이 잘 이루어질 수 있는 상황은 순간적으로, 그리고 우연적으로 일어난다. 그런 상황은 결코 언어치료실에서 만들 수 없다. 일상생활에서 가장 잘 일어나기 때문에 그 상황을 가장 자주 만나는 사람은 부모이다. 그래서 부모는 항상 준비되어 있어야 한다. 아이가 필요로 하는 순간, 아이에게 자극이 필요한 순간 즉각적으로 언어나 상황에 대한 정보를 주어야 한다. 그리고 아이의 반응이나 발화를 이끌어내어야 한다. 특히 언어 발달이 늦은 아이들일수록 부모의 적극적인 태도가 중요하다.

요즘은 부모의 맞벌이 등으로 부모가 아닌 베이비시터나 조부모가 아이를 데리고 언어치료실에 오는 경우가 많다. 언어치료사와의 상담은 충분히 이루어지겠지만, 그것이 부모에게 정확하게 전달되지 않으면 의미가 없다. 따라서 조금 번거롭더라도, 언어치료실에서 무엇을 배웠는지, 어떻게 수업이 진행되었는지 분명히 전달받아야 한다. 아니면 언어치료사와 직접 통화하는 것도 방법이다. 매번은 힘들겠지만 때때로 피드백을 받을 수 있다. 치료에 대한 부모의 적극적인 이해가 아이의 언어능력을 빠르게 발전시킬 수 있다.

언어치료를 한다는 것은 절망이나 끝이 아니라 새로운 시작이다. 다른 아이들보다 더 빠르게 발견한 것이고 이제 아이의 언어능력을 한 단계 끌어올릴 방법도 찾은 것이다. 아이의 언어 발달을 위해 힘찬 걸음을 시작하자.

0~7세 우리 아이 평생 언어력을 키워줄 결정적 시기

아이의 언어능력

초판 1쇄 발행 2017년 11월 17일
초판 5쇄 발행 2020년 8월 5일
지은이 장재진

펴낸이 민혜영 | **펴낸곳** (주)카시오페아 출판사
주소 서울시 마포구 월드컵로 14길 56, 2층
전화 02-303-5580 | **팩스** 02-2179-8768
홈페이지 www.cassiopeiabook.com | **전자우편** editor@cassiopeiabook.com
출판등록 2012년 12월 27일 제2014-000277호
편집 최유진, 진다영 | **디자인** 고광표, 최예슬 | **마케팅** 허경아, 김철
외주편집 이하정 | **본문일러스트** 송진욱

ISBN 979-11-88674-01-5 03590

이 도서의 국립중앙도서관 출판시도서목록 CIP은 서지정보유통지원시스템 홈페이지 http://seoji.nl.go.kr와
국가자료공동목록시스템 http://www.nl.go.kr/kolisnet에서 이용하실 수 있습니다.
CIP제어번호: CIP2017028977

★★★ 별책부록 ★★★

하루 30분
연령별 언어능력을 키우는
엄마의 놀이 35

장재진 지음

카시오페아
Cassiopeia

하루 30분
연령별 언어능력을 키우는
엄마의 놀이 35

차 례

3. 6세 이상 : 다양한 활동으로 언어를 확장할 수 있어요

★★★ 1 ★★★
영유아기

소리를 듣고 말하는 것이
즐겁다는 것을 알려주세요

놀이 1 다양한 소리를 내는 악기를 활용해 말놀이하기

누워 있거나 엄마에게 안겨 있는 아기에게 가장 많이 들려주는 악기는 바로 딸랑이다. 딸랑이는 아기가 듣기에 재미있고 다양한 소리가 나는 악기다. 꼭 딸랑이가 아니어도 음료수병이나 생수통 등에 곡식을 넣어 흔들면 재미있는 소리가 난다.

 준비물 딸랑이 등 소리 나는 통

❶ "오늘은 우리 아기랑 딸랑이 소리를 들어볼까?" 아기에게 딸랑이 소리를 들려주기 전에 먼저 말을 걸어본다.

❷ 아기에게 딸랑이 소리를 들려준다. 처음에는 딸랑이를 보여주면서 흔든다. 그러다 가 보여주지 않고 흔들어서 아이가 두리번거리며 소리를 찾는지 본다.

❸ 아기가 딸랑이를 쳐다보거나 손을 뻗는 등 반응을 보이면 "와, 예쁜 소리가 나네. 딸 랑딸랑" 하면서 소리를 말로 풀어 이야기해준다.

❹ 아기가 스스로 흔들 수 있으면 아기 손에 쥐여준다. 아기가 소리를 내면 "어머, 우리 아기가 흔들어도 소리가 나네" 하고 반응해준다.

놀이 2 이름을 불러 엄마 아빠 찾게 하기

아이가 기거나 걸을 수 있기만 해도 가능하다. 이름에 반응하는 데 둔한 아이라도 이러한 숨바꼭질 놀이를 하면 매우 재미있어한다. 그러면서 자연스럽게 '이름'에 반응하게 된다.

 준비물 보자기나 이불 등 몸을 숨길 수 있는 덮개 종류(없어도 무방함)

① 아이에게 소리 나는 쪽으로 가서 엄마(아빠)를 찾아보라고 한다.
② 엄마(아빠)는 커튼 뒤에 숨거나 큰 물건 뒤에 숨는다.
③ 아이의 이름을 부르며 아이의 반응을 유도한다.
④ 아이가 엄마(아빠)를 찾으면 안으며 예뻐해준다.

놀이 3

음악이 멈추면 행동 멈추기

'멈추다'라는 말과 '멈추는 행동'이 같다는 연관성을 아는 정도의 인지발달이 있는 아이에게 가능한 놀이이다. 혹은 이 개념이 불확실하더라도 연습하다 보면 충분히 '멈추다'의 의미를 알 수 있게 된다. 아이와 함께 놀다 보면 음악과 말, 행동의 멈춤이 일치되는 것을 배울 수 있다.

 준비물 플레이어, 아이가 좋아하는 노래 CD, 의자

① 아이에게 음악을 들으며 게임을 하자고 제안한다.

② 음악을 들으며 아이와 함께 원을 그리면서 의자 주변을 빙빙 돈다.

③ 음악이 멈추면 "멈춰"라고 말하고 의자에 가서 앉는다. 혹은 의자가 없다면 멈추는 동작으로 끝내도 된다. (이 경우 멈추는 동작이 재미있고 익살스러울수록 더욱 재미있어진다.)

놀이 4 이름 부르면서 거울 보여주기

아이들은 거울 속에 비친 자신의 얼굴을 보는 것을 좋아한다. 아이는 거울에 자신을 비춰봄으로써 거울 속의 자신과 눈을 맞추고 자신의 신체 부위를 확인한다. '거울'은 거울에 비친 나의 모습과 나 자신, 그리고 이름을 연결할 수 있는 좋은 매개체가 된다.

 준비물 **거울**(몸이 다 보일 정도의 큰 거울이면 더 좋음)

① 아이에게 "거울 보자"고 말한다.

② 거울에 비친 모습을 보고 아이의 이름을 불러준다("○○야, 반가워.").

③ 아이가 거울에 비친 모습을 보고 손을 흔들며 즐거워하면 함께 즐거워한다.

④ "○○야"라고 부를 때 아이가 거울 속에서 쳐다보면 함께 손뼉 치며 기뻐한다.

⑤ 거울 속 모습을 보며 아이의 이름을 부른다. "거울에 비친 게 누구지? ○○네. ○○가 손을 들면 얘도 손을 드네. 대답하나 볼까? ○○야~."

거울 보자

놀이 5 ## 공놀이를 하면서 말놀이하기

아이들은 공을 좋아한다. 혼자 앉을 수 있으면 공을 잡아보고 굴려가며 놀고, 걷거나 뛸 수 있는 아이는 공이 굴러가면 그것을 잡으러 가기도 한다. 공은 주고받기 놀이에서 많이 쓰이는 놀잇감 중 하나다. 아이의 이름을 불러 아이가 쳐다보면 공을 잡을 수 있도록 굴려준다.

 준비물 (아이가 잡을 수 있는 정도의) 공

1 아이의 이름을 부른다. "○○야"

2 아이가 쳐다보면 공을 보여준다. "○○야, 공 잡아"라고 말하며 부드럽게 바닥으로 공을 굴려준다. 만약 아이가 바로 쳐다보지 않으면 공을 눈앞으로 가져가서 시각적으로 보여준다. 아이가 공에 관심을 보이면 공에서 아이의 시선을 떨어뜨리지 않으면서 멀지 않은 곳에서 다시 한 번 이름을 불러준다 "○○야, 공 잡아." 그 후 공을 굴려준다.

❸ 아이가 공을 잡으면 "○○가, 공 잡았어" 하고 이야기해준다.

❹ 반대로 아이가 엄마에게 공을 굴려줄 때도 가능하다면 "엄마"라고 부르게 한다.

❺ 아이가 공을 굴려주면 엄마가 공을 잡는다.

공 잡아

데구르르르 . . .

놀이 6 · 까꿍놀이를 통해서 이름에 반응하게 하기

아이들은 까꿍놀이를 좋아한다. 눈앞에서 숨었을 뿐인데도 진짜로 없어졌다고 생각한다. 따라서 엄마 아빠가 이불 안에 들어가 숨었다가 나오면 아이들은 뛸 듯이 기뻐한다. 자신이 엄마 아빠를 부르면 언제든 엄마 아빠가 나타나기 때문에 아이는 이 놀이를 무척 재미있어한다.

준비물 이불

① "아빠"를 부르면 아빠가 이불 속에서 나오는 모습을 보여준다.

② "엄마"를 부르면 엄마가 이불 속으로 들어간다.

③ 엄마 아빠가 이름을 부를 때마다 이불 안으로 들어왔다 나오는 모습을 보여준다. 그 모습이 익살스럽고 재미있으면 더욱 좋다.

④ 아이가 이 놀이를 재미있어하면 아이의 이름을 불러준다. 그리고 아이의 반응을 기다려준다.

⑤ 이번에는 이름을 부르면 손을 드는 액션을 보여준다. "아빠" 하고 부르면 아빠가 손을 든다. 아이가 말을 할 수 있다면 직접 아빠를 불러보게 하는 것도 좋다.

⑥ 아이가 익숙한 놀이 상황이 되면, 이번에는 아이의 이름을 불러본다. 아이가 손을 들거나 쳐다보면 칭찬을 크게 해주어서 자극받도록 한다.

놀이 7 아기와의 음성 놀이

아기들은 음성 놀이를 통해서 말로 상대방과 의사소통할 수 있다는 것을 이해하게 된다. 음성의 패턴은 어떤 형태든 상관없으나 아기가 음성으로 소리를 내기 시작했을 때가 가장 좋은 적기다. 음성이나 옹알이 주고받기 놀이는 그다음 언어를 주고 받는 활동과도 밀접한 관련이 있다. 아이가 앞으로 다른 사람과 대화를 나눌 수 있는 의사소통의 기본을 닦는다는 생각으로 즐겁게 음성 놀이를 진행해보자.

 준비물 없음

① 아기가 소리를 내거나 옹알이를 하는 순간을 포착한다.

② 아기에게 다가가 눈을 맞추고 아기의 목소리나 옹알이의 패턴을 따라해 본다.

③ 아기가 귀기울이거나 따라하면 엄마는 더욱 즐겁고 재미있게 반응해준다.

④ 아기의 패턴으로 따라하는 것이 익숙해지면, 이번엔 아기와는 다른 소리를 내본다.

⑤ 아이가 엄마의 소리를 따라하는지 아니면 새로운 형태의 음성을 만들어내는지 관찰한다. 다른 형태의 소리를 낸다면, 그 소리를 엄마가 다시 따라해 준다.

⑥ 대화를 나누는 것처럼 아기와 음성과 옹알이를 주고 받는다.

놀이 8 · 동물 가면을 활용해 동물 흉내 내기

　동물 가면이나 인형, 동물 가면 책 등을 활용해 자신이 직접 그 동물이 되어보는 놀이이다. 놀이를 할 때 소리나 몸짓을 흉내 내는 말을 사용하도록 유도하는 것이 중요하다. 동물 가면이나 인형이 없다면 특징을 잡아 그려서 잘라 써도 된다. 무슨 동물이냐가 중요한 것이 아니라 소리로든 형태로든 동물 흉내를 내본다는 점이 의미가 있다.

준비물 ## 오리, 돼지, 사자, 개, 고양이 동물 가면
(손가락 인형이나 손인형도 가능)

- 동물을 자기가 정하기 -

① 아이와 가위바위보를 해서 순서를 정한다.

② 아이가 동물 가면을 쓰면(오리 가면을 쓰면) 엄마가 그 동물의 소리(꽥꽥)를 낸다.

③ 이번에는 반대로 엄마가 동물 가면을 쓰면(고양이 가면을 쓰면) 아이가 동물의 소리(야옹)를 낸다.

- 동물을 술래가 정해주기 -

① 아이와 가위바위보를 해서 술래를 정한다.

② 술래는 상대방에게 동물 소리(꿀꿀)를 내준다.

③ 상대방은 술래의 동물 소리를 듣고 바닥에 놓인 여러 가지 동물 가면 중에 맞는 것을 골라 쓰고 소리를 같이 낸다(돼지 가면을 쓰고 꿀꿀 소리 내기).

놀이 9 · 아이와 의성어, 의태어 놀이하기

단어 수준 정도의 언어 연령을 갖춘 아이들이 할 수 있는 놀이이다. 소리를 구별해서 낼 수 있어야 하기 때문이다. 의성어, 의태어 놀이는 아이가 동물의 소리를 아는지를 확인하는 단계에서부터 소리를 자발적으로 낼 수 있는 단계에까지 활용할 수 있다.

아이에게 쉬운 것은 모형이든 카드든 답이 들어 있는 단서가 있는 것이고, 그보다 어려운 것은 단서 없이 말만으로 대답하는 것이다. 단서 없이는 아이가 어려워한다면, 카드나 모형, 그림, 인형 등 실제 사물과 비슷한 것을 놓고 하는 것이 좋다. 아이의 수준에 맞추어 좀 더 쉽거나 좀 더 어려운 것을 택하면 된다.

음메~

준비물 그림카드 또는 동물 모형

- 동물 찾기 -

❶ 아이와 순서를 정하고 그림카드 또는 동물 모형을 펼쳐놓는다.

❷ 먼저 하기로 한 사람이 "음머" 하는 소리를 내면 카드나 모형에서 동물을 찾는다.

　　혹은 "음머 어디 있지?" 하면서 찾는 시늉을 해서 아이가 찾도록 유도한다.

❸ 동물을 찾으면 함께 소리를 내며 동물 흉내를 내본다.

- 수수께끼로 동물 이름 맞추기 -

❶ 아이와 순서를 정한다.

❷ "소는 어떻게 울까?"와 같이 소리나 행동의 모습을 질문한다.

❸ "음머" 하고 대답하면 맞다고 칭찬한다.

❹ 혹은 반대로 해도 된다. "음머 하고 우는 것은 무엇일까?" 하고 물어본다.

❺ "소"라고 대답하면 칭찬한다.

놀이 10 · 아기에게 노래 부를 기회 주기

아기에게 충분히 노래를 들려주고 나면 아기가 노래를 부를 수 있도록 부모가 잠시 노래를 멈춰보는 것도 방법이다. 말이 늦는 아이라면 더욱 이 방법이 효과적일 수 있다. 보통 노래가 멈추면 아기는 주변을 두리번거리거나 엄마에게 노래를 계속하라는 눈짓을 보낸다. 하지만 엄마가 계속 노래를 부르지 않으면 잠시 후 아기는 자신이 그 노래를 완성한다. 정확한 노래가 아니라 음정이나 박자를 단순히 흉내내는 패턴 형태여도 좋다.

준비물 · 없음

❶ 아기가 좋아하고 평소에 많이 들었던 동요를 준비한다.

❷ 엄마와 아기가 같이해도 좋고 엄마-아빠-아기가 돌림노래 형태로 부르는 것으로 계획해도 좋다.

❸ "나비야" 노래라면, "나비야~ 나비야~ 이리 날아오너라" 하면서 평소처럼 노래를 부른다. 율동이 있다면 같이 해도 좋다.

❹ 중간에 노래를 멈춘다. 아기가 좋아하는 부분이면 더 좋다.

❺ 아기가 따라 할 수 있도록 시간을 준다. 기다리는 시간이 중요하다.

❻ 아기가 노래를 이어서 부르면 부모는 더욱 기뻐하며 즐겁게 반응해준다.

★★★ 2 ★★★
유아기

놀이를 통해 언어를
늘릴 수 있어요

놀이 11 **팝업북이나 사운드북을 활용해 발성 유도하기**

아이들은 소리 나는 책이나 플랩을 넘겼을 때 숨겨져 있는 무언가가 나오는 책을 매우 좋아한다. 아이가 좋아하는 것은 어떤 형태로든 언어를 자극하는 매체가 될 수 있다. 특히 어린 아이들의 흥미와 관심을 끄는 매체로서의 책은 팝업북이나 사운드북 만한 것이 없다. 사운드북의 소리를 단순화해서 부모가 다시 한 번 말해주면 아이는 관심 있게 듣고 모방한다. 아이들에게는 한 번에 많은 정보를 전달하기보다는 한 번에 한 가지씩 정도가 좋다. 목표 어휘가 있다면 그것을 반복적으로 들려주고 모방하게 할 수 있다.

사운드북

① 아이에게 사운드북을 보여준다.

② "여기 눌러볼까?" 아이에게 "눌러" 하면서 사운드북의 버튼을 눌러보게 한다.

③ 오리 소리가 나면 끝나기를 기다려 **"꽥꽥"** 하고 직접 소리를 내어 이야기해준다.

④ 아이가 모방하면 칭찬해주고, 모방하지 않더라도 다른 동물 소리를 들을 수 있도록 한다.

 팝업북

① 아이가 좋아하는 분야의 팝업북을 보여준다. 그리고 "꼭꼭 숨어라" 하고 말한다. 아이와 함께 "꼭꼭 숨어라" 하는 소리를 내거나 숨바꼭질하듯이 손으로 눈을 가려도 좋다.

② 팝업북의 플랩을 젖히며 "찾았다, 토끼 찾았다!"라고 반응한다.

③ "꼭꼭 숨어라" 하면서 다른 플랩을 젖혀본다.

④ "와! 이번에는 호랑이 찾았다." 호랑이를 손가락으로 가리켜준다.

　* 만약 아이가 더 어린 상황이라면 "누굴까?", "어흥" 정도의 짧은 형태의 단어를 주고받는 정도로도 충분하다.

놀이 12 · 지시 따르기 놀이

 준비물 공과 병, 우유와 컵 등 일상생활에서 많이 쓰는 물건

- 1단계 지시 -

❶ 아이에게 공과 병을 보여준다.

❷ "넣어"라고 간단하게 말한다. 대신 말할 때는 운율감 있게 길게 늘여서 말한다.

❸ 아이가 잘 수행하면 격려해준다. 특히 아이가 "넣어"라는 동사를 따라 말하도록 격려해줄 수 있다. 만약 아이가 이해하지 못하고 수행하지 못하면 "넣어"라고 말하면서 공을 넣는 동작을 함께 수행하며 모델링을 해준다.

❹ 다시 한 번 언어적으로 "넣어"라고 말하면서 아이가 수행하는지 지켜본다.

- 2단계 지시 -

❶ 아이에게 공과 병을 보여준다.

❷ 아이에게 "공을 넣어요"라고 말한다. 2단계 지시는 하나의 명사와 하나의 동사를 연결하는 구조임을 잊지 말아야 한다.

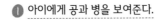

공을 넣어요

③ 아이가 잘 수행하면 손뼉 치며 격려해주고, 만약 잘 수행하지 못하면 1단계 지시인 "넣어요"를 말하며 모델링을 해준다.

④ 만약 아이가 1단계 지시를 수행했을 경우, 다시 한 번 2단계 지시인 "공을 넣어요"로 마무리해준다.

- 3단계 지시 -

① 아이에게 공과 병을 보여준다.

② 아이에게 "공을 병과 컵에 넣어요"라고 말한다. 3단계 지시는 하나의 명사와 두 개의 동사 혹은 두 개의 명사와 한 개의 동사를 연결하는 구조이다.

③ 아이가 잘 수행하면 손뼉 치며 격려해주고, 만약 잘 수행하지 못하면 2단계 지시를 활용해서 "공을 병에 넣어요", "공을 컵에 넣어요"를 각각 말하며 모델링을 해준다.

④ 만약 아이가 각각 2단계 지시를 잘 수행했을 경우(공을 병에 넣고 컵에 넣는 것에 각각 성공했을 경우), 다시 한 번 3단계 지시인 "공을 병과 컵에 넣어요"로 마무리해준다.

- 4단계 지시 -

① 아이에게 다양한 물건들을 보여준다.

② 아이에게 "공을 병에 넣고 인형을 컵에 넣어요"라고 말한다. 4단계 지시는 하나의 명사와 하나의 동사가 연결된 두 개의 지시어 구조이다.

③ 아이가 잘 수행하면 손뼉 치며 격려해주고, 만약 잘 수행하지 못하면 2단계 지시인 "공을 병에 넣어요", "인형을 컵에 넣어요"를 말하며 모델링을 해준다.

④ 만약 아이가 2단계 지시를 수행했을 경우, 다시 한 번 4단계 지시인 "공을 병에 넣고 인형을 컵에 넣어요"로 마무리해준다.

수수께끼 놀이로 사물의 기능 알기

아이는 수수께끼나 스무고개 등을 통해서 사물의 기능을 알 수 있다. 게임 형식으로 아이에게 사물의 기능을 알려주는 것은 아이의 흥미를 떨어뜨리지 않고 언어적인 지식을 채울 수 있는 좋은 방법이다. 쉬운 방법은 카드나 모형을 앞에 놓고 수수께끼의 답을 찾게 하는 것이고, 어려운 방법은 아무 단서가 없는 상황에서 수수께끼의 답을 맞히게 하는 것이다.

- 1단계 : 엄마가 문제 내고 맞추기(단서 있음) -

❶ 단어카드를 준비한다. 어떤 것이어도 좋지만 되도록 사물 이름이면 좋다.

❷ 아이에게 단어 카드의 이름을 각각 알려준다. 아이에게 말해보게 하면 더 좋다.

❸ 아이에게 수수께끼 형태로 질문한다. "물을 넣어 마시는 것은 뭐게?"

❹ 아이가 단어카드를 맞게 고르는지 확인한다.

- 2단계 : 엄마가 문제 내고 맞추기(단서 없음) -

❶ 엄마와 아이가 수수께끼 문제를 풀어보자고 서로 이야기한다("엄마가 문제 낼 건데 맞혀봐").

❷ 거실이나 방에 있는 물건이나 아이가 아는 단어 중에 적절한 것을 문제로 낸다. 방법은 1단계와 같다.

❸ 아이는 문제의 답을 스스로 생각해서 말한다.

- 3단계 : 엄마와 아이가 번갈아 문제 내보기(단서 있음) -

❶ 단어 카드를 보여주고 각각의 이름을 서로 확인한다.

❷ 처음에는 엄마가 문제를 낸다. "물을 넣어 마시는 것은 뭐게?"

❸ 아이가 수수께끼를 내도록 한다. "밥 먹을 때 쓰는 거는?"

- 4단계 : 엄마와 아이가 번갈아 문제 내고 맞추기(단서 없음) -

❶ 서로 문제 내는 형태로 해 보자고 이야기한다.

❷ 엄마와 아이가 번갈아 문제를 내본다. 방법은 3단계와 같다.

❸ 방에 있는 물건 중에서, 혹은 유치원에 있는 물건 중에서라고 범위를 제한해도 좋다. 문제 내기를 어려워하는 아이라면 아이가 익숙한 사물 중에서 문제를 낼 수 있도록 유도한다.

코코코 놀이하기

재료가 없는 간단한 놀이일수록 언제 어디서든 하기 편하다. 코코코 놀이는 쉽고 재미있고 아주 간단하다. 엄마가 먼저 하거나 아이가 먼저 하도록 유도할 수 있다.

특별한 준비물 없음. 혹은 아이가 좋아하는 인형

1. 엄마와 아이가 마주 앉는다.
2. "코코코" 하면서 엄마가 자신의 코를 먼저 두드린다.
3. 아이가 같이 따라 하도록 유도한다.
4. "코코코… 입술" 하면서 신체 부위를 마지막으로 이야기한다.
5. 아이가 손으로 입술을 짚을 때까지 시간적 간격을 두고 기다린다. 만약 잘못 짚거나 헷갈리면 엄마가 자신의 입술을 짚어서 시범을 보여준다.
6. 아이가 자신의 입술을 짚어서 성공하면 칭찬해준다.
7. 가능하다면 아이가 게임을 시작하도록 해볼 수 있으며, 아이가 좋아하는 장난감을 이용해 "코코코 뽀로로 입" 하면서 뽀로로 장난감의 입을 짚도록 활용해볼 수 있다.

코코코코…

놀이 15 머리어깨무릎발 놀이하기

아이에게 노래는 가장 좋은 학습 도구가 된다. 아이가 이 노래를 좋아한다면 더욱 좋다. 아이에게 이미 익숙한 노래이기 때문에 크게 어려움이 없으면서도 언어적으로 충분한 자극을 줄 수 있다.

 준비물 "머리어깨무릎발" 노래CD(굳이 없어도 상관없음)

① "머리어깨무릎발" 노래에 맞춰서 아이와 즐겁게 율동을 한다.

② 언어적 자극을 위해서 머리일 때는 머리를, 어깨일 때는 어깨를 정확하게 짚는 것이 필요하다.

③ 노래 마지막에 "귀코" 할 때 원하는 신체 부위를 엄마가 먼저 이야기한다.

④ 아이가 정확하게 그 부위를 짚는지 확인한다.

놀이 16 지칭하는 신체 부위 보여주기

이 놀이는 아이가 신체 부위를 숨겼다 보여주었다 하면서 놀이처럼 느끼도록 하는 것이 중요하다.

 아이의 몸을 덮을 수 있을 정도의 큰 담요

1. 아이의 몸을 담요로 덮는다. 몸 자체를 덮을 수 없다면 손과 다리 정도만 덮어도 괜찮다.

2. 아이의 몸을 숨기고 "손 보여주세요" 하고 말한다. 아이가 이불 안에서 손을 밖으로 꺼내어 보여줄 수 있도록 한다.

3. 다시 원래대로 손을 숨기도록 한다. 그리고 "발 보여주세요" 하고 말한다. 발을 보여주면 성공이다.

4. 엄마의 신체 일부를 숨기고 아이에게 반대 상황을 요구하여 아이가 "손 보여주세요"라는 식으로 말하도록 유도해도 된다.

놀이 17 몸으로 동사와 형용사 익히기

　아이는 말이나 글보다는 행동으로 배운 것을 잘 기억한다. 아이와 게임 형식으로, 혹은 넓은 운동장이나 놀이터에서 다양한 방법으로 걷고 뛰며 동사를 확인할 수 있다. 아이는 즐겁게 게임에 참여하면서 자연스럽게 동사를 배울 수 있다.

❶ 부모와 함께 아이가 출발선에 선다.

❷ "걸어" 하면 걷고 "뛰어" 하면 뛰기로 약속한다. 처음에는 엄마가 먼저 "걸어" 혹은 "뛰어"를 말하고 그다음에는 아이가 말하고 걷거나 뛰어본다.

❸ 여기에 "빠르다", "느리다"를 접목할 수 있다. '걸어, 뛰어'가 잘 이루어진다면 "빨리 걸어", "빨리 뛰어" 등으로 문장을 확장해서 '빠르다, 느리다' 개념을 알려줄 수 있다. '빠르다, 느리다'로 설명하기 어렵다면, 토끼나 거북으로 대체해서 설명해줄 수 있다.

❹ 아이에게 "빨리 뛰어" 하고 말하거나 "느리게 걸어" 하고 말하면서 아이가 맞게 활동하는지 살펴본다. 잘 안 되면, "토끼(처럼 뛰어)", "거북이(처럼 걸어)"와 같이 아이가 이해하기 쉽게 설명을 덧붙여 살펴본다.

놀이 18 다리 만들기 놀이

 다양한 크기의 책, 인형

❶ 아이와 함께 다리 만들기 놀이를 하자고 말한다.

❷ 어떤 책으로 각자 다리를 만들지 정한다. 가위바위보로 정해도 좋고, 순서를 정해도 좋다.

❸ 흩어져 있는 책 중에서 큰 책은 엄마가, 작은 책은 아이가 골라 다리처럼 죽 일렬로 놓는다.

❹ 아이가 잘 완성하면 아이가 좋아하는 인형과 함께 다리를 건너게 해준다.

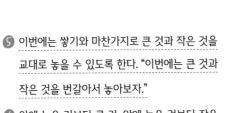

⑤ 이번에는 쌓기와 마찬가지로 큰 것과 작은 것을
교대로 놓을 수 있도록 한다. "이번에는 큰 것과
작은 것을 번갈아서 놓아보자."

⑥ 앞에 놓은 것보다 큰 것, 앞에 놓은 것보다 작은
것 이렇게 순서대로 잘 놓는지 확인해본다.

⑦ 완성하면 인형과 함께 다리를 건너본다.

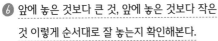

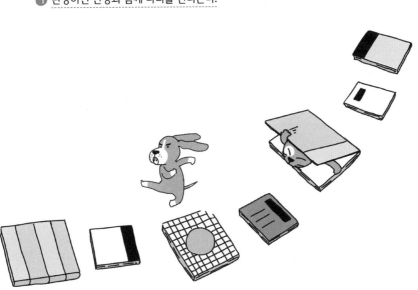

놀이 19 쌓기 놀이

 준비물 크고 작은 책이나 쌓을 수 있는 물건, 블록이나 화장품통 등

① 아이에게 쌓기 놀이를 할 것이라고 이야기한다. "우리 쌓기 놀이할까?"

② 큰 것과 작은 것을 우선 분류해본다. 처음에는 두 개 중 큰 것과 작은 것을 먼저 고르게 한다. "이거 두 개 중에 어떤 것이 클까?"

③ 큰 것과 작은 것을 분류한 다음 가장 큰 것을 아래에, 가장 작은 것을 위에 쌓아본다.

④ 완성되면 잘했다고 칭찬해주고 다시 무너뜨린다.

⑤ "이번에는 크고 작은 것을 번갈아 쌓아보자"고 말한다. 맨 아래에 가장 큰 것을 놓고 그 위에는 작은 것, 그 위에는 다시 큰 것 순서로 번갈아 놓게 한다.

⑥ 무너지는 것도 즐거운 과정이다. 아이가 작은 것과 큰 것을 교대로 잘 놓는지, 개념을 이해하는지 살펴보면서 아이가 잘 쌓을 수 있도록 격려해준다.

⑦ 쌓기 놀이를 하면서 '높다 낮다'를 알려줄 수 있다. 엄마와 아이가 쌓은 탑의 높이를 서로 보고 "엄마 것이 높아", "우리 ○○이가 쌓은 것이 낮아" 이렇게 설명할 수 있다.

엄마 아빠로 분장하기

엄마 아빠가 되어보는 것은 아이들에게 최고의 즐거움이다. 아이들에게 부모란 동경의 대상이고 꼭 되어보고 싶은 대상이기도 하다. 아이가 직접 엄마 아빠가 되어 자기 물건을 찾아보게 해보자.

 엄마 물건 또는 아빠 물건
(와이셔츠, 넥타이, 원피스, 구두, 목걸이, 가방, 화장품 등 분장 놀이를 할 수 있을 정도로 옷과 신발, 장신구 등을 갖추어서 준비해주는 것이 좋음), 아이 물건

1 아이에게 "아빠가 되고 싶어, 엄마가 되고 싶어?"라고 물어본다. 아이가 되고 싶은 것으로 정한다.

2 물건 중에서 되고 싶은 엄마(아빠)의 물건을 고르게 한다. 혹은 더 필요한 것이 있다면 집에서 찾아오게 해도 좋다.

3 "이건 누구 거야?"라고 계속 물어본다. "엄마(아빠) 거"라고 자연스럽게 대답할 수 있도록 유도한다.

4 준비가 끝나면 아이에게 옷을 입혀주고 물건을 들게 한다.

5 "엄마가 되었네. 이건 모두 엄마 거"라고 이야기해준다.

엄마 거

꾸벅-

놀이 21 내 거, 엄마 거, 아빠 거 알려주기

처음 시작은 구체적인 물건으로 할 수 있다. 아이는 엄마 아빠가 쓰는 물건을 친숙하게 느낀다. 가족의 물건을 잘 찾으면, 그림이나 사진 카드로도 할 수 있다.

준비물 아빠 물건, 엄마 물건 등 가족 물건 10가지 정도
(특성이 잘 나타나는 것으로 넥타이, 핸드폰, 손수건, 립스틱, 반지, 목걸
이, 인형, 장난감 등. 아이의 나이에 따라 적게는 6가지에서 많게는 20가
지), **사람 수만큼의 바구니**(있어도 좋고 없어도 좋음)

❶ 물건을 중간에 놓고 물건의 주인들도 둘러앉는다(물건의 주인이 네 명이면 네 사람
이 함께 둘러앉는 것이 좋음. 내 것이라는 것을 분명히 보여줄 수 있음).

❷ 가위바위보 등으로 순서를 정한다.

❸ 첫 번째 순서로 정해진 사람이 "내 물건 어디 있을까?" 하고 물으면서 물건 찾기를
유도한다.

❹ 물건을 찾으면 "이거 엄마 거" 하면서 엄마 앞에 놓은 바구니에 물건을 넣는다.

❺ 물건 찾기가 거의 끝난 후에는 "이거 엄마 거야?" 하면서 엄마 것이 아닌 다른 물건
을 들어 물어본다.

❻ "아니야, 엄마 거 아니야"라고 대답할 수 있도록 모델링한다.

❼ 순서대로 물건을 찾도록 하고 다른 사람들은 물건을 찾아 물건 주인의 바구니에 담
는다.

* 그림(사진) 카드도 마찬가지의 방법으로 진행할 수 있다.

놀이 22 · 선물 고르기

가족들에게 살 선물을 고르면서 그 사람의 특징과 무엇을 좋아하는지 생각할 수 있다. 이 놀이를 통해 다양한 경우의 수를 가지고 소유의 개념을 설명할 수 있다. 선물한다는 기쁨이 있어 아이들은 즐겁게 게임에 참여한다.

 다양한 사물 그림 카드, 바구니나 봉투, 지갑
(카드를 담을 수 있을 정도의 크기)

① 아이에게 "할아버지께 드릴 선물을 골라보자. 할아버지는 무엇을 좋아하셔? 할아버지 거는 무엇으로 고를까?" 하고 물어본다.

② 아이가 고르는 카드(사탕)를 보고 "할아버지 거야?" 하고 물어본다.

③ 아이가 그렇다고 하면 이유를 물어본다.

④ "할아버지는 ○○(사탕)을 좋아하셔"와 같이 이유를 설명하게 한다.

⑤ 아이가 고른 그림 카드(사탕)를 할아버지 바구니에 담는다.

놀이 23 · 인형 돌보기

아이들은 아기 돌보기 놀이를 무척 재미있어 한다. 아이가 자연스럽게 돌보는 대로 엄마 아빠는 따라가기만 하면 된다. 갓난아기를 돌본다면 젖병이나 포대기, 기저귀 등이 필요할 것이고, 이유식을 먹는 아이로 설정한다면 그것보다는 다양한 장난감이 필요할 수도 있다. 아이가 인형을 돌보는 과정에서 옆에서 적절한 언어적 자극을 줄 수 있다면 충분하다.

 아이가 좋아하는 인형

① 아이가 인형을 가지고 있는 순간도 좋고, 그렇지 않으면 아이가 인형을 가지고 놀도록 유도한다.

② 아이가 인형을 가지고 놀면 "아이가 배고픈가 봐" 하고 상황을 만든다.

③ "우유"라는 말에 아이가 적절하게 반응하지 않으면 "그럼 우리 우유 줄까? 젖병이 어디 있을까?" 하면서 엄마가 모델링을 해준다.

④ 아기 인형에게 젖병으로 우유를 먹이는 시늉을 한다.

⑤ "이제 아기가 어떤 거 같아?", "배불러서 기분이 좋아", "졸린 것 같은데?"와 같이 다음 상황을 적극적으로 유도한다.

⑥ 아이가 적절하게 반응할 수 있도록 한다.

놀이 24 토스트 놀이

아이들에게 주방은 신기하면서도 재미있는 공간이다. 그래서 어떤 형태의 주방 놀이든 아이들은 즐겁게 참여한다. 토스트를 만드는 것처럼 구체적으로 순서를 정하고 장면을 정해서 하는 놀이가 좋은 언어 자극이 될 수 있다.

 준비물 토스트 놀이 장난감 혹은 집에 있는 토스트기

❶ 아이이게 "토스트를 만들어보자"고 제안한다.

❷ 만들기 놀이 이전에 토스트를 만드는 순서를 이야기해본다.

❸ '식빵을 두 장 꺼내기-토스트기에 넣기-기다리기-식빵이 따뜻하게 구워지면 꺼내기-치즈나 햄 올리기-잼 바르기-두 장 붙이기-먹기'와 같은 순서를 엄마가 먼저 보여주면서 이야기해준다.

❹ 엄마의 시범을 보고 아이가 전체 과정을 이해하고 받아들일 수 있다면 엄마의 시범이 끝나면 아이가 처음부터 끝까지 할 수 있도록 지켜봐 준다. 아이가 실제로 진행하는 과정에서 "빵을 꺼내요", "잼을 발라요"와 같은 언어적 자극은 계속 주어야 한다. 아이가 잊어버렸다면 그 과정을 말로 설명해주어야 한다.

❺ 만약 전체 과정을 수행할 수 없다면, 부분부분 장면별로 나누어 아이가 수행할 수 있도록 한다. "빵을 넣어요" 하면서 엄마가 빵을 넣고 아이가 따라 빵을 넣을 수 있도록 기다려준다. "빵이 나올 때까지 기다려요" 하고 빵이 나올 때까지 함께 기다린다.

⑥ 다 완성된 토스트를 함께 먹는다. 장난감이면 먹는 시늉만으로도 충분하다.

⑦ 만들어진 것은 "우리가 만든 토스트 엄마 줄까? 아빠 줄까?" 하면서 다른 사람에게
주도록 유도해보자.

 * 토스트뿐만 아니라 주방 놀이를 활용한 다양한 음식 만들기 놀이에서 모두 활용
 해볼 수 있다.

주방기구들의 쓰임새 알기

이 놀이를 통해 부엌에서 사용하는 기구에 관련된 어휘나 기구들의 쓰임을 의미 있게 배울 수 있다. 여러 소꿉놀이 물품 중 그릇이나 수저, 포크, 냄비 등 주방에서 사용하는 물건들의 기능을 알아가면서 다양한 동사의 개념도 배울 수 있다. 이러한 놀이에서 중요한 것은 부모의 모델링 전에 아이가 자발적으로 말할 수 있는가 하는 것이다. 아이가 먼저 말할 수 있는 기회를 주자.

준비물 **주방놀이와 관련된 물건**
(소꿉이나 주방에서 실제 사용하는 물건)

1. 아이에게 "오늘은 생선을 굽고 주스를 만들어서 같이 먹자"고 이야기한다. 이렇게 오늘의 요리 주제를 미리 이야기하는 것이 좋다.

2. "어디에다 구울까?" 하고 아이에게 물어본다. 아이가 프라이팬을 고르면 "프라이팬으로 구울까?"라고 말한다. 프라이팬 위에 생선 모형을 올린다. "생선을 구워요."

3. "다 구웠다." 시간이 흐른 후 생선을 접시에 담는다. "접시에 담아요."

4. 주스를 만들기 위해 과일을 고르게 한다. "무슨 주스 만들까?" 아이가 잘 고르지 못하면 가지고 있는 과일 모형 중에 선택하게 한다. "사과 주스 만들까? 포도 주스 만들까?"

5 주스를 만들 과일을 고르면 그것을 믹서기에 넣는다. "사과를 갈아요", "사과로 주스를 만들어요"와 같이 언어적 모델링을 해준다.

6 "다 만들었다"라고 말한 후 주스를 컵에 부어준다. "컵에 주스를 부어요", "주스를 따라요"와 같이 말해준다.

7 완성된 접시와 컵을 놓고 "이제 먹자" 하고 말한 후 "빨대로 마셔요", "포크로 찍어 먹자"와 같이 다양한 언어 표현을 해준다.

놀이 26 가게 놀이

물건을 사고 계산하는 과정은 아이들이라면 누구나 한번은 꼭 해보고 싶어한다. 아이들이 좋아하는 가게라면 무엇이든 가능하다. 제과점도 좋고, 문구점도 좋고, 과일가게도 좋다. 물건을 사는 과정을 통해 아이들은 일상 생활에서 다른 사람과 소통하는 방법을 배워간다.

준비물 **가게놀이를 할 수 있는 소꿉놀이, 실제 장난감, 돈, 바구니 등**

① 아이와 누가 주인 역할을 하고, 물건을 사는 사람 역할을 할지 정한다.

② 가게 놀이를 하기 전에 가격을 정할 수 있으면 아이와 미리 정해본다.

③ 물건을 사는 사람 역할을 하기로 한 사람이 물건을 놓고 직접 물건을 골라본다. 아이가 잘 고르지 못하면 무슨 물건을 살지, 어떤 걸 사고 싶은지 이야기해본다. 아이의 수준에 따라 하나만 골라도 좋고, 여러 가지를 사도 좋다.

④ 마지막에 가게 주인이 계산대에서 물건을 계산한다.

⑤ "모두 얼마예요?", "1,500원입니다", "2,000원인데 거슬러주세요", "500원 여기 있어요"와 같이 아이의 수준에 맞추어 물건을 사고파는 다양한 상황을 만들어본다. 아이가 아직 잔돈을 거슬러 받는 과정에 익숙하지 않으면 그냥 돈만 주고받아도 충분하다.

⑥ 두 사람이 역할을 바꾸어 물건을 사고팔아 본다.

놀이 27 · 미용실 놀이

아이들은 머리를 자르거나 파마를 하는 등 엄마를 따라 혹은 자신의 머리 손질을 위해서 미용실을 방문한다. 미용실은 자주 가는 곳이 아니므로 미용실에 다녀온 후나 미용실에 가기 전에 이런 놀이를 하는 것이 좋다. 미용실에 다녀온 후라면 자신의 경험을 최대한 살릴 수 있을 것이고, 미용실에 가기 전이라면 미용실에서 있을 일을 미리 경험할 기회가 될 것이다.

 준비물 거울, 머리빗, 핀, 드라이기, 머리말이, 가위, 보자기
(미용실 소품들처럼 보일 수 있는 집에 있는 사물도 가능)

❶ 아이에게 "오늘은 미용실 놀이를 해보자. 누구 머리를 자를까?" 하고 물어본다.

❷ 아이가 자신이 한다거나 인형을 잘라주겠다거나 하고 정하면 정한 대상에게 보자기를 둘러준다. "오늘은 토끼가 머리를 자르고 싶대. 우리가 도와줄까?" 하고 말을 걸어준다.

❸ 토끼 인형을 거울 앞에 앉힌다. "머리를 어떻게 잘라줄까?" 하고 물어본다. 아이가 잘 대답하지 못하면 "앞머리를 잘라줄까? 옆쪽의 머리를 잘라줄까? 귀 위의 머리를 파마해줄까?" 하고 아이의 뜻을 물어본다. 이때 미용실에서 사용되는 용어들은 아이에게 덜 익숙할 수 있으므로 머리카락을 '자르다'와 '파마'는 어떻게 다른지 알려준다.

❹ 아이가 "앞머리 자를래요" 하면 가위로 머리카락을 자르는 시늉을 해본다. "예쁘게 잘 잘랐네요" 하고 칭찬해준다.

5️⃣ 처음에는 이것저것 알려주다가 자연스럽게 미용실 주인과 손님 놀이처럼 유도한다. 아이가 미용실 주인 역할을 맡도록 한다. 만약 바로 미용실 놀이를 할 수 있다면 미리 연습해보는 과정을 생략해도 된다.

6️⃣ "어서 오세요, 토끼 손님. 머리를 어떻게 해줄까요?" 하고 물어보게 한다.

7️⃣ 토끼가 원하는 대로 머리 손질하도록 해본다. 머리를 자르기도 하고 드라이기로 머리를 말려주기도 한다.

8️⃣ "가격은 얼마예요?" 토끼가 물어보도록 한다.

9️⃣ "○○원입니다" 하고 말하고 돈을 주고받는 행동을 하도록 한다.

요리 놀이

아이들은 자신이 무엇을 만들어서 주는 것을 좋아한다. 특히 요리는 만들기도 재미있고 누군가에게 대접할 수 있어서 아이들이 좋아하는 놀이이다. 소꿉놀이를 통해서 요리해볼 수 있고, 실제로 엄마와 요리를 해보면서 음식을 만드는 과정에 대해 이야기해보고 함께 먹어보면서 맛을 이야기해볼 수 있다.

 식빵 2개, 잼, 치즈, 햄, 토스트기

➊ 아이와 함께 식빵을 준비한다. 어떤 토스트를 만들고 싶은지 이야기한다.

➋ 식빵을 토스트기에 넣는다. 아이와 함께 숫자를 세며 기다린다.

➌ 식빵이 다 구워져 나오면 접시에 가지런히 놓는다.

➍ 아이와 함께 식빵 위에 잼을 발라본다. 잼 종류가 몇 가지 있다면 아이가 좋아하는, 혹은 대접하고 싶은 사람이 좋아하는 잼을 고르는 것도 좋다.

➎ 잼 위에 햄과 치즈를 각각 올려본다. 아이가 좋아하는 혹은 대접하고 싶어하는 재료들을 넣어도 좋다.

➏ 재료를 올리고 식빵을 덮는다. 접시에 담아 아이가 함께 먹거나 주고 싶은 사람에게 토스트를 전해준다.

다양한 활동으로 언어를
확장할 수 있어요

놀이 29 단어퀴즈

 준비물 단어카드(없어도 무방)

– 1단계 : 엄마가 단어 퀴즈 내보기 –

단어 퀴즈를 낼 때 한글을 읽을 줄 아는 아이와 모르는 아이로 구분할 필요가 있다. 단어에 한글이 쓰여 있을 경우 엄마가 아무리 문제를 내도 아이가 한글을 읽어버리면 아무 소용이 없기 때문이다. 아니면 카드 없이 방에 있는 물건 중에서, 집에 있는 물건 중에서 문제를 내도록 제한하는 것도 방법이다.

단어 카드를 활용하는 것은 아이들은 단서가 있는 경우 더욱 자신감 있게 맞출 수 있기 때문이다. 그리고 아이가 단어카드를 보며 어떻게 상대방에게 설명할지 생각할 수 있으므로 유익하다.

❶ 아이에게 누가 문제를 낼지 정한다.

❷ 언어가 늦거나 자발적으로 먼저 할 수 없는 아이라면 엄마가 모델링 차원에서 먼저 한다.

❸ 단어를 어려워하는 아이라면 "우리에게 시간을 알려주는 것은 무엇일까" 하고 묻고 그림카드 2~4장 중에 고르게 한다. 단어를 잘 아는 아이라면 "시계"라고 잘 말하게 한다.

❹ 아이가 맞게 고르거나 말하면 "딩동댕" 하고 강화를 준다.

❺ 아이가 잘 말한 것과 아닌 것을 구분한다. 게임이 끝난 후 다시 한 번 아이가 잘 모르는 단어들을 짚어주는 것이 좋다(아니면 다음 게임에 활용해도 된다).

– 2단계 : 아이가 단어퀴즈 내보기 –

아이의 언어수준에 따라 1단계를 하는 것만으로도 칭찬과 격려를 해줄 수 있는

아이가 있고, 2단계까지 할 수 있는 아이가 있다. 아이가 단어를 설명할 때는 충분하게 생각할 시간을 주어야 한다. 만약 그 과정이 어렵다면 엄마가 힌트를 주는 것도 방법이다. 엄마가 먼저 몇 가지를 모델링을 해주거나 "이번에는 모양을 생각해볼까?", "무슨 소리가 나는지 생각해볼까?"와 같이 질문을 통해 생각하게 한다.

❶ 아이가 문제를 내도록 유도한다.

❷ 아이가 단어카드를 보고 잘 생각하지 못하면 맛이나 모양, 색깔, 소리 등 다양한 방법으로 생각해볼 수 있도록 유도한다.

❸ 아이가 퀴즈로 낼 수 있도록 하고, 엄마가 답을 맞힌다.

❹ 때때로 엄마가 틀리는 것도 아이의 흥미를 높이는 방법이다. 아이는 엄마가 모르는 것을 최선을 다해 여러 번 설명하는 과정을 통해서 성취감을 느낄 수 있다.

사진 보고 이야기 나누기

사진을 보고 이야기를 나눌 수 있는 가장 적기는 아이가 핸드폰이나 패드에 있는 사진을 보고 있을 때이다. 물론 일부러 사진을 출력해 보여주면서 의문사에 대한 대답을 유도할 수 있지만, 아이가 핸드폰에 저장된 사진을 넘겨볼 때 자연스럽게 질문 하는 것이 학습적인 느낌이 덜해 거부감이 적을 수 있다.

 아이가 경험한 것을 찍은 사진, 최근 여행지 사진

① 아이가 사진을 넘겨볼 때 자연스럽게 말을 걸어본다.

② "○○야, 여기 어디야?", "바다야", "누구랑 바다 갔다 왔어?", "엄마랑 아빠랑" 이런 식으로 자연스럽게 대화로 연결한다.

③ 의문사에 대한 대답을 염두에 두고, 아이가 어려워하는 의문사를 적당히 섞어서 물어본다. 아이가 바로 대답하지 못한다면 충분히 기다려주고, 그도 쉽지 않다면 모델링을 통해서 아이가 자신감 있게 얘기할 수 있도록 유도한다.

놀이 31 일기 쓰기

유치원, 어린이집 고학년이나 초등학교에서는 일기 쓰기가 주말 과제인 경우가 많다. 따라서 아이와 자연스럽게 어떤 이야기를 일기로 쓸 것인지, 그리고 어떤 장면을 그림으로 그릴 것인지 이야기 나누어본다.

❶ 아이와 함께 사진을 넘겨보며, "어떤 이야기를 일기로 써보고 싶어?"라고 질문하여 아이가 장면을 선택하게 한다.

❷ 아이가 선택한 장면에 대해 의문사로 질문해본다. "누가?", "언제?", "어디?", "무엇을?" 등이다. 아이가 잘 대답하지 못하면 천천히 모델링해주면서 아이를 격려해준다.

❸ 가능하다면 핸드폰 사진을 끄고 아이와 그 그림을 회상하며 다시 질문에 답해보게 한다. 눈앞에 보이지 않는 것을 떠올리며 대답하는 것은 조금 더 어려운 과정이다. 아이를 격려하여 집중하게 한다.

❹ 인상적인 장면을 보여주거나 상상하며 그림을 그리게 한다. 그림을 보면서 다시 한 번 질문에 대답하게 한다.

놀이 32 줄거리 정리하기

언어 발달이 늦은 아이들은 줄거리를 정리하는 데 애를 먹는다. 이럴 때 책의 주요 장면을 그림으로 제시해 이것을 순서대로 배치하게 하는 방법이 도움이 될 수 있다. 조금 큰 아이라면 문장으로 순서를 정한 다음 그것을 연결해 줄거리로 만들 수 있다. 요즘은 도서관 등 칼라복사기를 이용할 수 있는 곳이 많으니 활용해보자. 어린 아이들은 4장면 미만으로, 좀 더 큰 아이라면 6~8장면으로 구성해보자.

 준비물 아이가 읽은 책, 줄거리를 압축적으로 보여줄 수 있는 그림

❶ "우리 이 책의 내용을 정리해보자"고 하면서 그림책을 보여준다.

❷ 아이에게 그림의 내용을 설명하도록 유도한다. 예를 들어 "콩쥐가 혼자서 독 앞에서 울고 있어요"(아이가 더 어리다면 "콩쥐가 울어요" 정도도 충분하다)라고 한 문장으로 정리한다.

❸ 각 장면의 설명을 모두 마친 후에 그것을 전후 관계에 맞추어 그림으로 배치해본다. 각 장면을 색연필 등으로 색칠하게 할 수도 있다.

❹ 그림을 순서대로 놓고 줄거리를 정리해본다. 아이가 자신 없어 하면, 적절한 흐름을 가지고 이야기할 수 있도록 부모가 도와주어도 좋다. 이때 아이가 자신감을 가지고 말할 수 있게 옆에서 도와주는 것이 가장 중요하다.

❺ 그림을 도화지에 붙이고 그것을 테이프로 붙여 작은 책으로 만들면 아이들의 성취감을 높일 수 있다. 혹은 큰 도화지에 그림들을 붙여 벽이나 냉장고 등에 붙여두면 아이들이 볼 때마다 좋아한다.

놀이 33 감정 카드 활용하기

가장 초보적인 감정 이해의 단계는 표정 모방하기다. 그리고 감정에 이름 붙이는 단계로 진행해보자. 단순화된 그림이 쉽고, 웃는 표정이나 우는 표정이 정확하게 드러난 그림이면 더욱 좋다. 아니면 카드에 직접 다양한 표정을 그려서 사용할 수 있다. 그림으로 먼저 그려보고 그림과 감정을 이해하는 단어를 연결해보자.

 마분지(잘라서 카드로 만들 수 있는 사이즈)**, 매직**

① 마분지를 잘라 적당한 사이즈의 카드를 만든다.

② "기뻐"라고 말하면 웃는 얼굴을 그린다. 아이가 눈코입귀 모두를 그리기 어려우면 얼굴 전체는 엄마가 그려주고 눈이나 입모양 등만 아이가 그리게 한다.

③ '기뻐, 슬퍼, 화났어' 등 몇 가지 단어를 이야기하고 얼굴 카드를 만든다.

④ 얼굴 카드를 보고 엄마와 함께 표정을 지어본다. 누가 더 비슷하게 표정을 만드는지 이야기해본다.

⑤ 이번에는 카드를 바닥에 놓고 "기뻐"라고 말하면 웃고 있는 카드를 골라낸다. 맞춘 카드가 몇 개인지 서로 세어본다.

역할 놀이를 통해서 감정 이해하기

아이들은 특정 역할에 실제 감정을 이입해보는 과정을 통해서 상대방의 감정을 이해할 수 있게 된다. 문제 상황 속으로 들어가 아이가 직접 그 문제에 대답하게 함으로써 다양한 감정을 이해할 수 있게 해보자.

 상황에 맞는 다양한 놀잇감

① 엄마가 아이한테 "오늘은 네가 병원 간호사 선생님이 되어보자"라고 말한다. "그리고 엄마는 병원 가기 싫어하는 동생이 되어볼게" 하고 말한다.

② 아이가 병원에 안 들어간다고 버티거나 주사를 맞기 싫다고 떼쓰는 상황으로 가정하고, 엄마가 떼를 쓰는 시늉을 한다. 아이가 달래는 상황을 만들어본다.

③ 여러 번 실랑이하는 상황을 만들고 "주사 잘 맞으면 사탕줄게"와 같이 상황을 수습할 수 있도록 한다.

④ 아이와 함께 상황에 대해 다시 한 번 이야기해본다. "아이가 들어오지 않겠다고 했을 때 기분은 어땠어?", "사탕 준다고 하자 들어온다고 했을 때 기분은 어땠어?"와 같이 상황에 대한 마음을 짚어본다. 아이가 "당황했어요", "안심이 됐어요", "다행이라고 생각했어요"와 같이 이야기할 수 있으면 가장 좋다.

＊ 혹은 우유를 먹기 싫어하는 아이나 채소를 싫어하는 아이 등 아이가 예측 가능한 설정으로 상황을 만들고 "이때 너의 기분은 어땠어?", "지금 어떻게 말하고 싶어?"와 같이 아이가 감정 표현을 하도록 유도한다.

놀이 35 책으로 감정 이해하기

　책 그림만으로 감정단어를 말하게 할 수 있지만 이야기를 읽거나 듣고 감정을 추정해보는 것도 좋은 방법이다. 표정이 잘 드러나 있고 스토리가 간단한 책을 활용해서 내용을 이해하도록 하고 표정을 상상해서 지어보게 해보자. 혹은 아이에게 알려주고 싶은 감정 그림을 칼라복사해서 표정을 지어보게 할 수 있다.

 아이가 좋아하는 책(감정선이 잘 드러난 책이면 더욱 좋음)

① 아이가 좋아하는 책을 읽어준다.

② "지금 여우는 어떤 기분일까? ○○가 얼굴 표정으로 지어볼래?" 하고 물어본다.

③ 만들어둔 그림 카드가 있다면 그림 카드 중에서 고르게 하는 방법도 있다.

④ "그런 기분을 뭐라고 할까?" 하고 물어보면서 아이가 "슬프다"는 감정 어휘를 표현할 수 있도록 유도한다.

⑤ 책에 있는 여우 그림 위에 매직으로 웃는 입이나 우는 눈물 등을 그리며 아이가 감정 어휘를 표현할 수 있도록 한다.

하루 30분, 연령별 언어능력 늘리기

영유아기 : 소리를 듣고 말하는 것이 즐겁다는 것을 알려주세요

옹알이를 넘어서 단어 단계로 나아갈 수 있도록 부모님이 도와줄 수 있는 다양한 놀이법을 담았습니다. 아이와 함께 다양한 소리 내기, 음성 놀이를 즐기다보면 소통의 즐거움과 함께 아이의 언어가 성장하고 있음을 느낄 수 있을 겁니다.

유아기 : 놀이를 통해 언어를 늘릴 수 있어요

이 시기의 아이들에게는 다양한 놀이 상황을 통해 언어적 자극을 줄 수 있습니다. 아이가 말을 하도록 유도하고 다양한 어휘를 배울 수 있도록 목표 어휘를 자연스럽게 노출할 수 있습니다. 아이가 놀고 있는 그 상황이 언어 자극의 적기임을 잊지 마세요.

6세 이상 : 다양한 활동으로 언어를 확장할 수 있어요

이 시기의 아이들은 말의 길이는 물론 문장 패턴도 조금씩 다양해집니다. 상대방의 말을 듣다가 끼어들거나 질문에 알맞은 대답도 길게 할 수 있습니다. 글을 읽고 쓰는 훈련을 천천히 시작하게 되는 시기이지만 아직은 읽고 쓰는 영역이 완벽하게 준비되지 않았다고 걱정하실 필요는 없습니다.

〈 별책부록 〉

03590

ISBN 979-11-88674-01-5
값 16,800원

9 791188 674015